CO-
CREATION
& CO-
PROSPERITY

WORLD-CLASS
INTERIOR ENVIRONMENT DESIGN OF
CULTURAL AND EDUCATIONAL ARCHITECTURE

共创共荣卷

入世界的文教建筑室内环境设计

巩学会室内设计分会推荐教学参考书

中国建筑学会室内设计分会 编

『室内设计6＋』2020（第八届）联合毕业设计

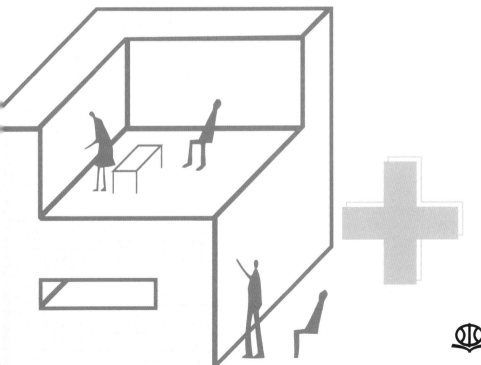

中国水利水电出版社
www.waterpub.com.cn

·北京·

内 容 提 要

本书精选"一带一路"沿线国家和地区的文化教育类建筑室内外环境设计作品约80件,介绍并展现了每件作品的设计理念、构思、方案及效果。作品类型丰富,包括教育机构、科教中心、博物馆、展览馆、文化宫、图书馆、城市书房、艺术中心、艺术酒店、社区文化中心,以及乡村民宿、文化旅游和商业旅游综合体等设计项目。

书中作品均为国内设计类特色教育创新项目——"室内设计6+"联合毕业设计项目的优秀成果,遴选自同济大学、华南理工大学、西安建筑科技大学、北京建筑大学等41所国内设计专业知名高校的联合毕业设计答辩优秀作品,内容十分丰富。与本书配套的视频课程,可登录"行水云课"教育平台观看学习。

本书可供高等院校环境设计、建筑设计、室内设计、景观设计等相关专业师生使用,也可供环境、建筑、室内、景观设计人员参考。

图书在版编目（ＣＩＰ）数据

共创共荣卷 : 融入世界的文教建筑室内环境设计 /
中国建筑学会室内设计分会编. -- 北京 : 中国水利水电
出版社, 2021.10
中国建筑学会室内设计分会推荐教学参考书 "室内
设计6+"2020（第八届）联合毕业设计
ISBN 978-7-5170-9837-9

Ⅰ. ①共… Ⅱ. ①中… Ⅲ. ①室内装饰设计－环境设
计－作品集－中国 Ⅳ. ①TU238

中国版本图书馆CIP数据核字(2021)第165676号

		中国建筑学会室内设计分会推荐教学参考书"室内设计6+"2020（第八届）联合毕业设计
书	名	**共创共荣卷——融入世界的文教建筑室内环境设计** GONG CHUANG GONG RONG JUAN——RONGRU SHIJIE DE WEN-JIAO JIANZHU SHINEI HUANJING SHEJI
作	者	中国建筑学会室内设计分会 编
出版发行		中国水利水电出版社 （北京市海淀区玉渊潭南路 1 号 D 座 100038） 网址：www.waterpub.com.cn E-mail：sales@waterpub.com.cn 电话：（010）68367658（营销中心）
经	售	北京科水图书销售中心（零售） 电话：（010）88383994、63202643、68545874 全国各地新华书店和相关出版物销售网点
排	版	中国水利水电出版社微机排版中心
印	刷	天津嘉恒印务有限公司
规	格	210mm×285mm 16 开本 16 印张 876 千字
版	次	2021 年 10 月第 1 版 2021 年 10 月第 1 次印刷
定	价	150.00 元

编 委 会

序 |

2020 年注定是不平凡的一年。我们遇到了太多的困难，经受了太多的考验。而也正是在这艰难困苦中，我们收获了无数感动——各行各业空前绝后地团结在一起，如嫩芽破石般在逆境中挣出一道道希望的光。在一切都放慢脚步的时候，今年的"室内设计 6+"活动更是创造了一段快进般的奇迹。

与往年相比，"室内设计 6+"2020（第八届）联合毕业设计项目参与院校由原来的 7 所扩展至 41 所，覆盖全国东北、华北、华东、华西、华中、华南六大片区。仅在最终的"云答辩"环节，就有 90 余名教师和近 300 名毕业生参与，各网络平台更是累计吸引了超过 56 万人次的浏览量。

我们欣喜于这样突飞猛进的成就，更在这如细胞分裂似的发展壮大中感受到室内设计学术与行业领域前所未有的向心力。这激昂的面貌得益于所有参与方相互之间的共同努力：教师与学生、高校和企业、高校与高校、地区与地区——各个主体打破壁垒，消解隔阂，放下往日的孤芳自赏，走出曾经的故步自封，怀着一致的信念走到一起，彼此分享。分享也意味着在同行者面前打开最真实的自己，这样的无所保留无疑是需要勇气的，我向所有勇敢的人表示敬意。

交流让我们找出问题，同时也发现优势。一个团体就如同一个独立的人，安于一隅则总是当局者迷，只有在跨出舒适圈的那一刻方能看到最广阔的天地。这并非是流于教条的说辞，参与今年联合毕业设计的百余位教师一定有着最切身的体会。作为老师，我们虽然迎来送往一届又一届毕业生，却从不甘陷于墨守成规式的循环往复。我们期盼培养的是越来越优秀的学生、越来越适应社会发展的人才、越来越能够引领时代进步的先行者。为此，我们不断探寻新的方向、新的模式。"室内设计 6+"联合毕业设计活动就是创新尝试，我们集结各类设计高校，包括传统建筑院校、老牌美术院校、各地新兴的专业院校，再联合各大设计研究院和设计企业，采用真题真做的方式为即将步入社会的设计学子们铺陈开离校前的最后一张试卷，更为行业发展打开了一条通向未来的、充满机遇的行业人才内循环的探索之路。在这个过程中，我们惊喜地发现了许许多多的意想不到：意想不到的设计思路、意想不到的教学方法、意想不到的实践经验，甚至我们最熟悉的学生本身就给我们带来了无数的意想不到——他们的奇思妙想、他们的沉稳冷静……所有这些新奇的发现就如同新雨荡去枯叶陈皮般拨开我们心头的尘埃，打通思维的艰涩癯节，让在经年反复中逐渐沉寂的一颗颗心重新雀跃起来。作为教师的一员，我深切感受到了这份跃跃欲试，这份斗志昂扬。

我想，今年的"室内设计 6+"（第八届）联合毕业设计项目的爆发式成功并非偶然，它必定反映了时代和中国社会发展的客观状态与诉求：教育的创新、行业的升级、人才的转型。我们正全力应对这变革，我们也欣喜地看到越来越多的团体正勇敢地加入到我们的努力中来。是什么造就了这份勇敢？我愿意说是室内设计人对专业最纯粹的热忱！感动中我看到了这个行业光明的未来！

苏丹　2020 年冬

目 录

热点命题，纷显特色，联合指导，服务需求

项目规章

『室内设计6+』2020（第八届）联合毕业设计

『室内设计6+』联合毕业设计创立于2013年，是由中国建筑学会室内设计分会主办，国内设计类高校协同承办的特色教育创新项目。

每年举办一届，旨在响应国家发展战略，聚焦行业发展前沿命题，面向设计领域热点问题，重点通过高校间、企业间的联合毕业设计教学，开展协同育人。

联合毕业设计主要教学环节包括：命题研讨、开题报告、中期检查、答辩评审及课题评价、主题图书编辑出版、主题展览等六个主要环节，对外交流作为其扩展环节之一。

项目实施由室内设计分会、参加高校、命题企业、支持企业、出版企业等分工协同落实。

"室内设计6+"联合毕业设计特色教育创新项目章程（2020版）

为服务城乡建设领域室内设计专门人才培养需求，加强室内设计师培养的针对性，促进相关高等学校在专业教育教学方面的交流，引导面向建筑行（企）业需求开展综合性实践教学工作，由中国建筑学会室内设计分会（以下简称"室内分会"）倡导、主管，国内外设置室内设计相关专业（方向）的高校与行业代表性建筑与室内设计企业开展联合毕业设计。

为使联合毕业设计活动规范、有序，形成活动品牌和特色，室内分会在征求相关高等学校意见和建议的基础上形成原《"室内设计6+1"校企联合毕业设计章程》，并于2013年1月13日"室内设计6+1"2013（首届）校企联合毕业设计（北京）命题会上审议通过，公布试行，并结合活动实际持续修订。

历经2013—2017连续五届联合毕业设计的深入交流，原"室内设计6+1"校企联合毕业设计取得了丰富成果，形成一定影响力，积累了室内分会设计教育平台建设成功经验，形成了多联融合的特色教育创新项目组织实施格局。2017年10月，室内分会第八届理事会通过《教育工作规划纲要（2017—2025年）》，将该活动更名为"室内设计6+"联合毕业设计。2018年，该活动经中国建筑学会批准为"室内设计6+"联合毕业设计特色教育创新项目。为此，室内分会编制新版章程，并公布试行。

一、联合毕业设计设立的背景、目的和意义

党的十九大报告指出：建设教育强国是中华民族伟大复兴的基础工程，必须把教育事业放在优先位置，加快教育现代化，办好人民满意的教育。"一流大学和一流学科建设"是建设高等教育强国、实现十九大提出的"实现社会主义现代化和中华民族伟大复兴"总任务的必然选择和重要举措。

自1992年5月开始的全国建筑学专业评估全面引导和提升了我国建筑学专业教育水平，同时也带动了室内设计专业（方向）建设和发展，截至2019年5月，通过全国建筑学专业评估的学校已达69所。

2010年，教育部启动了"卓越工程师教育培养计划"，于2011—2013年分三批公布了进入"卓越计划"的本科专业和研究生层次学科。

2011年，国务院学位委员会、教育部公布《学位授予和人才培养学科目录（2011年）》，增设了"艺术学（13）"学科门类，将"设计学（1305）"设置为"艺术学"学科门类中的一级学科，"环境设计"建议作为"设计学"一级学科下的二级学科；"室内设计及其理论"建议作为新调整的"建筑学（0813）"一级学科下的二级学科。

2012年，教育部公布《普通高等学校本科专业目录（2012年）》，在"艺术学"学科门类下设"设计学类（1305）"专业，"环境设计（130503）"等成为其下核心专业。

"艺术学"门类的独立设置，设计学一级学科以及环境设计、室内设计等学科专业的设置与调整，形成了我国环境设计教育和室内设计专门人才培养学科专业的新格局。

2015年10月，国务院发布《统筹推进世界一流大学和一流学科建设总体方案》。

2017年1月，教育部、财政部、国家发展和改革委印发《统筹推进世界一流大学和一流学科建设实施办法（暂行）》。

因此，组织开展室内设计领域联合毕业设计，对加强相关学科专业特色建设、深化综合性实践各教学环节交流、促进室内设计教育教学协同创新、培养服务行（企）业需求的室内设计专门人才，具有十分重要的意义。

二、联合毕业设计组织机构

1. 指导单位、主办单位

"室内设计6+"联合毕业设计由室内分会主办，受全国高等学校建筑学学科专业指导委员会、教育部高等学校设计学类专业教学指导委员会等指导。

2. 参加高校、联合主办高校、主（参）编高校

一般由学科专业条件相近、设置室内设计专业方向（或相关专业）的6所高校通过协商组成一个高校组，联合开展毕业设计活动，其中通过全国建筑学专业评估的高校作为核心高校。高校组合应突出地理区域、办学类型、专业特色、就业面向等的代表性、涵盖性、多样性，在学科专业间形成一定的交叉性以及良好的联合毕业设计工作环境和交流氛围。

室内分会组织建立"室内设计6+"联合毕业设计特色教育创新项目三个层级的参加高校组，进一步提升"室内设计6+"联合毕业设计既有核心高校组对全国活动的引领和示范作用；在室内分会工作六大地区（华北、华东、华南、华西、华中、东北地区）增设"室内设计6+"联合毕业设计（×地区）高校组，开展地区活动，突出地区特色；在有条件的省市增设"室内设计6+"联合毕业设计（×省/市）高校组，开展省市活动，突出省市特色。室内分会安排专家、项目观察员等指导不同层级参加高校组开展联合毕业设计活动，促进多联融合交流。

每年通过各层级活动参加高校组申报和室内分会遴选，确定相应的毕业设计开题调研、中期检查、毕业答辩等集中活动的联合主高校，以及中国建筑学会室内分会推荐专业教学参考书——"室内设计6+"×（年）（第×届）（×地区或×省/市）联合毕业设计《×（主题）[卷]——×（总命题）》（以下简称《主题卷》）的主编高校，其他参加高校作为参编高校。

每所高校参加联合毕业设计到场汇报的学生一般以6人为宜，分为2个方案设计组；要求配备1～2名指导教师，其中至少有1名指导教师具有高级职称。室内分会负责聘任高校导师指导开展联合毕业设计。高校导师应当熟悉建筑学（室内设计）、环境设计、产品设计、艺术与科技等专业的实践业务，并与相关领域企业有广泛联系。

3. 命题单位

参加高校向室内分会推荐所在地区、省市的行业代表性建筑与室内设计企业作为毕业设计命题单位，命题人应具有高级职称。室内分会负责聘任单位命题人作为联合毕业设计特聘导师。特聘导师与高校导师联合编制联合毕业

设计总命题下的《×（子课题）毕业设计教学任务书》，指导开展联合毕业设计。

4. 支持单位

通过室内分会联系和参加高校推荐等，遴选每届活动支持单位。室内分会负责聘任支持单位代表为项目观察员，参与联合毕业设计观察点评。

5. 出版单位

室内分会和《主题卷》主编高校遴选行业知名出版单位，作为《主题卷》出版单位，参与联合毕业设计相关环节工作。

三、联合毕业设计流程环节

（1）联合毕业设计每年由室内分会主办1届，与参加高校毕业设计教学工作实际相结合。

（2）室内分会负责联合毕业设计总体策划、宣传、组织研讨、编制、公布每届联合毕业设计《×（主题）——×（总命题）框架任务书》《项目纲要》等，协调参加高校、命题单位、相关机构等，聘请领域专家为专题论坛演讲人，组织审核毕业设计子课题成果、毕业设计组织单位、毕业设计命题单位，开展室内设计教育国际交流活动等。

（3）联合毕业设计活动包括命题研讨、开题调研、中期检查、毕业答辩、专题展览、编辑出版6个主要环节，以及联合指导、观察点评、校组交流、对外交流等扩展环节。相关工作分别由室内分会、参加高校、命题单位、支持单位、出版单位等分工协同落实。

1）命题研讨。室内分会组织召开联合毕业设计命题研讨会。每届联合毕业设计的总命题着眼于建筑学（室内设计）、环境设计、产品设计、艺术与科技等相关领域学术前沿和行业发展热点问题，参加高校联合命题单位细化总命题下的子课题。联合毕业设计子课题要求具备相关设计资料收集、现场踏勘、项目管理方支持等条件。

命题研讨会一般安排在高校秋季学期，在当年室内分会年会期间（10月下旬）安排专题研讨。

2）开题调研。室内分会组织开展联合毕业设计开题调研活动，颁发联合毕业设计高校导师和特聘导师聘书；联合主办高校协同落实开题仪式、专题论坛、开题报告汇报、项目调研等工作。每所参加高校进行开题报告汇报，汇报时间不超过20分钟，专家点评不超过10分钟。

开题活动一般安排在高校春季学期开学初（3月上旬）进行。

3）中期检查。室内分会组织开展联合毕业设计中期检查活动；联合主办高校协同落实专题论坛、中期检查汇报、项目调研等工作。每所参加高校推荐不超过2个初步设计方案组进行汇报，每组陈述不超过20分钟，专家点评不超过10分钟。

中期检查一般安排在春季学期期中（4月中旬）进行。

4）毕业答辩。室内分会组织开展联合毕业设计毕业答辩及课题研究活动；联合主办高校协同落实毕业答辩、颁发证书、项目调研工作。每所参加高校推荐不超过2

个深化设计方案组进行陈述与答辩，每组陈述不超过20分钟，专家点评与学生回答不超过10分钟。

在答辩、点评的基础上，室内分会组织开展"室内设计6+"联合毕业设计特色教育创新项目年度研讨，重点研讨各毕业设计子课题成果质量，并对毕业设计组织单位、毕业设计命题单位、支持单位等单位的工作给予肯定。毕业设计子课题成果质量评定坚持"质量第一，宁缺毋滥"的原则，按百分制打分，分为90～100分和80～89分两个分数段，打分结果一般按照1:2的比例设置。

毕业答辩及课题研讨一般安排在春季学期期末（6月上旬）进行。

5）专题展览。室内分会在每届联合毕业设计结束当年的室内分会年会暨学术研讨会（每年10—11月）举办期间安排联合毕业设计作品专题展览；专题展览结束后，相关高校可自愿向室内分会申请联合毕业设计作品巡回展出。

6）编辑出版。基于每届联合毕业设计成果，由室内分会组织编辑出版《主题卷》，作为室内分会推荐的专业教学参考书。《主题卷》主编工作由室内分会和主编高校、参编高校联合编写，参加高校导师负责本校排版稿的审稿等工作，出版单位作为责任编辑，负责校审、出版、发行等工作。

7）对外交流。室内分会和出版单位一般在每届联合毕业设计结束当年室内分会年会期间联合举行《主题卷》发行式；由室内分会亚洲室内设计联合会（AIDIA）等室内设计国际学术组织联系开展室内设计教育成果国际交流，宣传中国室内设计教育，拓展国际交流途径。

四、联合毕业设计相关经费

（1）室内分会负责筹措对毕业设计项目子课题成果（含完成人、指导教师）、毕业设计组织单位、毕业设计命题单位、支持单位等的专家差旅、劳务经费，室内分会年会专题展览、宣传经费，和《主题卷》出版补充经费等。

（2）参与高校自筹联合毕业设计活动相关环节经费。

（3）联合主办高校负责联合毕业设计开题调研、中期检查、毕业答辩等环节的宣传、场地、设备、调研等经费；毕业答辩环节联合主办高校还负责用作毕业答辩的深化设计方案《主题卷》书稿册页的打印装订等经费；《主题卷》主编高校负责的出版主体经费等，并为项目成果交流提供一定数量的样书。

（4）命题单位、支持单位、出版单位等负责为向校企联合毕业设计提供一定形式的支持等。

（5）室内分会适时组织参加高校，将"室内设计6+"联合毕业设计特色教育创新项目申报为国家有关基金项目。

五、附则

本章程于2019年3月2日"室内设计6+"2019（第七届）联合毕业设计开题日公布试行，由中国建筑学会室内设计分会负责解释。先前版本废止。

"室内设计6+"联合毕业设计
特色教育创新项目工作细则（2020版）

中国建筑学会室内设计分会（以下简称"室内分会"）依据《"室内设计6+"联合毕业设计特色教育创新项目章程》，制订《"室内设计6+"联合毕业设计特色教育创新项目工作细则》，指导相关单位和人员开展联合毕业答辩、活动组织、课题研究等工作。

一、答辩准备

（1）参加高校，每校推选指导教师不超过2名。

（2）参加高校，每校推选不超过2个方案深化设计组参加毕业答辩，学生总数不超过6名，完成《主题卷》书稿、答辩汇报PPT、年会展版编制。

（3）每个深化设计方案组按《主题卷》书稿要求准备毕业答辩册页（含中期检查、毕业答辩两阶段成果）、答辩汇报PPT等电子文档，须于毕业设计答辩前1周发送到项目组委会指定邮箱；由承办高校负责汇总打印、装订，作为毕业答辩材料。

（4）参加高校按《"室内设计6+"联合毕业设计专辑排版要求》编辑当届《主题卷》书稿，须于毕业设计答辩结束后2周内发送到室内分会指定邮箱。

（5）每个深化设计方案需编制3张展板，要求使用室内分会统一发布的模板编辑，展板幅面为A0加长（900mm×1800mm）且分辨率不小于100dpi。展板电子文件须于联合毕业设计当年室内分会年会召开前1个月发送到年会组委会指定邮箱；由室内分会负责打印、布展。

二、毕业答辩

1. 毕业设计答辩委员会

毕业设计答辩委员会由室内分会特邀指导教师和高校指导教师组成。

（1）室内分会特邀指导教师一般由室内分会特邀专家、命题单位、项目观察员、支持单位代表等在内的7～9位专家担任；答辩委员会组长一般由室内分会提名人选，经答辩委员会集体确认后担任，并主持毕业答辩工作。

（2）高校导师委员由各参加高校分别推选1位当届毕业设计指导教师担任。

2. 毕业设计答辩

（1）毕业设计答辩按"室内设计6+"联合毕业设计教育创新项目各子课题进行打分，成绩按百分制计，分为90～100分和80～89分两个分数段。第一分数段（90～100分）与第二分数段（80～89分）的比例一般为1:2。

（2）第一轮成绩。每个毕业设计答辩组的陈述时间不超过20分钟，问答（一般安排室内分会特邀指导教师、高校导师各1人提问）不超过10分钟。室内分会特邀指导教师、高校导师共同填写第一轮成绩单，并进行排序（如"1"为建议排序第一，"2"为建议排序第二等，依此类推）。

（3）第二轮成绩。高校导师须回避第二轮打分。室内分会特邀指导教师以第一轮成绩单为基础，对照各组答辩方案和答辩表现等进行综合评定，填写第二轮成绩单并进行排序（如，"1"为建议排序第一，"2"为建议排序第二等，依此类推）。项目组委会负责计票、监票，形成最终成绩单。

（4）室内分会依据最终成绩单拟定《课题成绩决议》，由室内分会特邀指导教师集体签字确认。评审成绩将作为毕业设计的最终成绩或重要参考，过程成绩单、统计结果、课题成绩决议等由室内分会和各校负责存档。

3. 毕业设计组织单位

联合主办当届校企联合毕业设计项目开题调研、中期检查、毕业答辩、主编出版的高校作为毕业设计组织单位。

4. 毕业设计命题单位、支持单位

负责当届校企联合毕业设计命题工作的单位，给予联合毕业设计活动资金支持或提供相关帮助、支持的单位分别作为毕业设计命题单位、支持单位。

三、证书颁发

（1）室内分会组织证书的颁发。

（2）由室内分会特邀演讲嘉宾颁发项目演讲证书。

（3）由室内分会特邀命题单位代表、支持单位代表、项目观察员、校内带队教师等颁发项目指导教师证书。

（4）由分会为联合主办高校颁发项目组织单位证书；为命题单位、支持单位颁发有关证书。

（5）由分会为参加"室内设计6+"项目的同学颁发课题证书。证书印有当届项目委员会委员签名，以示纪念。

（6）证书加盖中国建筑学会章。

四、附则

本细则由中国建筑学会室内设计分会负责解释。

"室内设计6+"2020（第八届）联合毕业设计框架任务书

中国建筑学会室内设计分会（以下简称"室内分会"）《"室内设计6+"2020（第八届）联合毕业设计框架任务书》（简称《2020框架任务书》）是依据《"室内设计6+"联合毕业设计特色教育创新项目章程》和2019中国建筑学会室内设计分会第三十届（上海）年会命题研讨会意见，由"室内设计6+"2020（第八届）联合毕业设计总命题单位——中国中元国际工程有限公司建筑环境艺术设计研究院牵头组织编制形成。参加高校依据《2020框架任务书》，结合本校毕业设计教学工作实际，进一步编制本校《"室内设计6+"2020（第八届）联合毕业设计详细任务书》（简称《2020详细任务书》），指导联合毕业设计教学工作。

一、总命题

总命题为：共创共荣——融入世界的文教建筑室内环境设计。

2013年由我国国家领导人创造性提出的"一带一路"合作倡议，顺应世界多极化、经济全球化、文化多样化、社会信息化的潮流，符合国际社会的根本利益，彰显人类社会共同理想和美好追求，是促进共同发展、实现共同繁荣的合作共赢之路，是增进理解信任、加强全方位交流的和平友谊之路。中国政府倡议，秉持和平合作、开放包容、互学互鉴、互利共赢的理念，全方位推进务实合作，打造政治互信、经济融合、文化包容的利益共同体、命运共同体和责任共同体。

人类命运共同体理念的提出，旨在把握人类利益和价值的通约性，在国与国关系中寻找最大公约数，建构相互合作、公平竞争、和平发展的新的世界格局，逐步实现人类对和谐共存、共同发展、共同繁荣的美好世界的愿望。

当今世界正发生复杂深刻的变化，各国面临的发展问题依然严峻，而地球只有一个，随着资源的日渐减少，要改善所有人的生活，维持人类文明的稳步向前，需要我们仔细规划和创造性地开拓我们共同的未来。因此，只有创新才能带来发展机遇，机遇是创新的产物，又是创新的推动力。中国倡导的"一带一路"为所有参与国家创造了发展机遇和条件，促进世界各国发掘市场潜力，促进投资和消费，创造需求和就业，求同存异、兼容并蓄、和平共处、共生共荣！

正是在这样的时代大背景下，中国的室内环境设计有了更多走出去的机会，了解世界、发现世界、融入世界。通过设计增进各国人民的人文交流；通过设计加强不同种族的文明互鉴；通过设计构建人类命运共同体。

二、总体原则

本次设计任务会包含建筑、室内、景观、展陈、标识等各个专业领域，其总体原则如下：

（1）充分重视项目所处的地域位置，关注气候特征、人文特色，鼓励兼容并蓄，传播文明的多样性。

（2）充分尊重各国政体制度、国家情感、民族传统、宗教信仰、风俗习惯，倡导文明宽容、文明互鉴，以亲和的设计赢得各地人民的认同。

（3）充分考虑当地社会经济水平与搭建技术、建筑材料的匹配程度，当地法律法规及行业标准的具体要求，用适宜的技术策略来实现设计。

（4）在设计中可兼具中国传统文化内涵、现代文明气息，在创新中"求同存异""包容理解"，构建不同文明的交汇点，支撑起人类命运的共同体。

三、项目地点

1. 国内

（1）丝绸之路经济带：新疆、重庆、陕西、甘肃、宁夏、青海、内蒙古、黑龙江、吉林、辽宁、广西、云南、西藏。13个省（自治区、直辖市）。

（2）21世纪海上丝绸之路：上海、福建、广东、浙江、海南5个省（直辖市）。

项目地点共计18个省（自治区、直辖市）。

2. 国外

截至2019年8月底，已有136个国家和30个国际组织与中国签署了195份共建"一带一路"合作文件。国家列表可至"中国一带一路网"查询（https://www.yidaiyilu.gov.cn/info/iList.jsp?cat_id=10037）。

所有上述国内外区域均可作为在本次项目总体目标下的具体项目地点。

四、设计范围

（1）各校依托命题单位提供的《2020框架任务书》，在项目地点内，选取具有与总命题相关的文化、教育类项目，可整理形成本届联合毕业设计各子课题的设计范围。

（2）各校依托命题单位提供的推荐参考选题，可整理形成本届联合毕业设计各子课题的设计范围。

五、设计内容

毕业设计应基于《2020框架任务书》总命题、总体原则和设计范围，体现以"共创共荣——融入世界的文教建筑室内环境设计"为主旨的设计内容。各校在《2020详细任务书》中明确具体设计内容和要求。

六、主要阶段

（1）开题调研：设计专题调研报告、《共创共荣卷》开题调研内容排版页。

（2）中期检查：初步设计方案、《共创共荣卷》中期检查内容排版页。

（3）毕业答辩：深化设计方案、《共创共荣卷》毕业答辩内容排版页、年会展板。

七、设计成果

1. 设计说明

设计说明内容主要包含：规划及建筑的主导思路；建筑室内、景观、展陈设计理念的阐述；设计定位、概念设计分析、经济技术指标等，可做图示及图表。

2. 图纸（各专业对应不同设计方向选择）

（1）建筑区域位置图。

（2）建筑及场地总平面图、分析图。

（3）景观规划设计图、场地设计图、分析图、景观节点图、代表性详图、植物配置图。

（4）建筑平面图、立面图、剖面图、代表性详图、节点、分析图。

（5）室内平面图、顶面图、剖（立）视图、代表性详图、分析图。

（6）代表性房间陈设布置图、导视系统布置图、分析图。

（7）展陈设计布置图、展具设施详图、分析图。

（8）重要节点详图。

（9）主要材料表、家具陈设清单等图表。

3. 效果图

（1）建筑鸟瞰图。

（2）景观效果图。

（3）建筑效果图。

（4）室内效果图。

（5）环境设施、展具、公共艺术等效果图。

4. 成果提交

（1）开题调研。每所参加高校按 1 个开题调研文件，提交《共创共荣［卷］》开题调研内容排版页、开题调研成果 PPT 等。

（2）中期检查。每所参加高校优选 2 个初步设计方案，提交《共创共荣［卷］》中期检查内容排版页、中期检查成果 PPT 等。

（3）毕业答辩。

1）每所参加高校优选 2 个深化设计方案，提交《共创共荣［卷］》毕业答辩内容排版页、毕业答辩成果 PPT 等。展板于答辩评审后单独提交。

2）每个深化设计方案的展板限 3 张，展板规格为幅面 A0 加长：900mm×1800mm 竖版，分辨率≥100dpi。展板模板由室内分会按照年会展板要求统一提供。年会展览由室内分会负责展板打印、布置。

（4）编辑素材。为编辑出版好中国建筑学会室内设计分会推荐专业教学参考书——"室内设计 6+" 2020（第八届）联合毕业设计《共创共荣［卷］——融入世界的文教建筑室内环境设计》，相关参加单位和个人应积极响应室内分会相关工作，按以下要求提交相应材料。

1）单位简介（参加高校、命题单位、支持单位各提交单位简介 1 篇，中文 1000 字以内，中英文对照；单位标识矢量文件）。

2）教学研究论文（每所参加高校导师联名提交教学研究论文 1 篇，中文 2000～3000 字，中英文对照）。

3）开题调研书稿（每所高校提交开题调研内容排版稿（2 页或 4 页），主要标题和关键词等中英文对照）。

4）中期检查书稿（每所高校提交 2 个初步设计方案的排版搞（各占 2 页或 4 页），主要标题和关键词等中英文对照）。

5）答辩作品书稿（每所高校提交 2 个深化设计方案的排版稿（共占 6 页或 8 页），主要标题和关键词等中英文对照）。

6）演讲提要（每位"专题讲坛"演讲专家提交 1 篇，中文 800～1000 字，中英文对照）。

7）专家点评（每个深化设计方案分别对应校内外专家、导师点评各 1 段，中文 200～300 字，中英文对照）。

8）学生感言（每个深化设计方案 1 段，中文 200 字以内，中英文对照）。

9）组长总结（专家组组长对本届联合毕业设计答辩评审总结，中文 800～1000 字，中英文对照）。

10）工作照片（每位专家、导师、学生各 1 张）。

11）评审证书（室内分会提供，证书电子版）。

12）活动照片（参加高校提供，各主要环节照片电子版）。

13）答辩 PPT（每所高校 2 个深化设计方案汇报 PPT 文件）。

14）作品展板（每所高校 2 个深化设计方案展板 TIF 原文件）。

八、附建筑与场地图

见各校《2020 详细任务书》。

九、推荐选题

（1）援蒙古残疾儿童发展中心设计（设计范围：室内、景观）。

（2）援阿尔及利亚青年文化宫设计（设计范围：室内、景观）。

（3）援黎巴嫩国家高等音乐学院设计（设计范围：室内、景观）。

（4）援坦桑尼亚达累斯萨拉姆大学孔子学院设计（设计范围：室内、景观）。

"室内设计 6+" 2020（第八届）联合毕业设计
参与高校名录

 同济大学

 华南理工大学

 西安建筑科技大学

 北京建筑大学

 南京艺术学院

 浙江工业大学

 大连理工大学

 沈阳建筑大学

 吉林建筑大学

 东北大学

 内蒙古工业大学

 大连工业大学

 东北师范大学

 天津大学

 天津美术学院

 河北工业大学

 山东建筑大学

 河南工业大学

 江南大学

 苏州科技大学

 合肥工业大学

 苏州大学

 上海理工大学

 浙江理工大学

 上海视觉艺术学院

 西安美术学院

 四川大学

 西安交通大学

 云南艺术学院

 兰州理工大学

 西安工程大学

 华中科技大学

 武汉大学

 湖北美术学院

 武汉理工大学

 南昌大学

 中南大学

 广州美术学院

 广西艺术学院

 深圳大学

 福州大学

热点命题 纷显特色 联合指导 服务需求

实验组作品

同济大学
问渠——援坦桑尼亚达累斯萨拉姆大学孔子学院室内外环境设计
合欢书院——援坦桑尼亚达累斯萨拉姆大学孔子学院室内外环境设计

华南理工大学
援黎巴嫩国家高等音乐学院设计
陈锦新纫——南京云锦文化博物馆室内设计

西安建筑科技大学
无界——援黎巴嫩国家高等音乐学院设计
启明星——援阿尔及利亚青少年文化宫室内设计

北京建筑大学
援坦桑尼亚达累斯萨拉姆大学孔子学院室内外环境设计
援阿尔及利亚青年文化馆环境设计

南京艺术学院
大方之家——援坦桑尼亚达累斯萨拉姆大学孔子学院室内外环境设计
云游——援坦桑尼业达累斯萨拉姆大学孔子学院展示设计

浙江工业大学
游境——援坦桑尼业达累斯萨拉姆大学孔子学院设计
中华文化场所精神的异域营造——援坦桑尼亚达累斯萨拉姆大学孔子学院室内环境设计

同济大学

问渠——援坦桑尼亚达累斯萨拉姆大学孔子学院室内外环境设计

指导教师：左 琰 林 怡
小组成员：陈嘉宁 刘行健 吕星·
周鑫杰

评委点评

方案概念的切入点很有吸引力，在整体脉络和线索挖掘方面的思路比较清晰，而且贯穿整个设计。从作品的完成度来看，包括前期技术条件分析、基地调研、空间整合、现状改造、表现成果以及设计色彩体系等，完整性还是比较高的。同时在空间设计方面，注重体验性、功能性和融合度，各个空间的灵活使用和不同分割，包括用推拉门、旋转门等打破室内外界限的手法，运用得都不错。不足之处在于，孔子学院作为中国文化的宣传窗口，将其作为主要的突出元素是没有问题的，但要注意度的把握，即中国文化和非洲文化之间的互动与平衡，目前作品中的中国传统元素的比重过大。

作品展示

平面布局

一层平面图

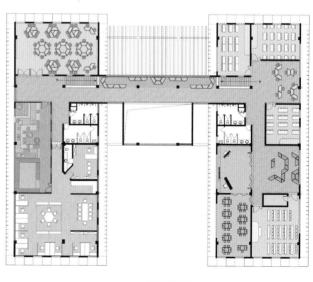

二层平面图

问渠园室外景观设计

　　3.8m 高坡地以微小扭动形成梯田，兼顾地面人流导引。

　　两条主园路根据地形进行扭动的同时，将动线和视线错开，从而带给人们丰富的游园体验。

　　在梯田茶园里塑造坡道，便于人们在茶园里穿行。在一条主路上筑渠而下。

　　在园路旁增加两个休息节点，同时配合曲墙适当遮挡视线，引导前进，同时形成一种旷奥对比，本身也作为一种装饰。

　　曲墙上有多种花纹，风格亦"中"亦"非"，装饰元素给与两国文化结合在一起，墙面半透不透，增加了园林的趣味性。

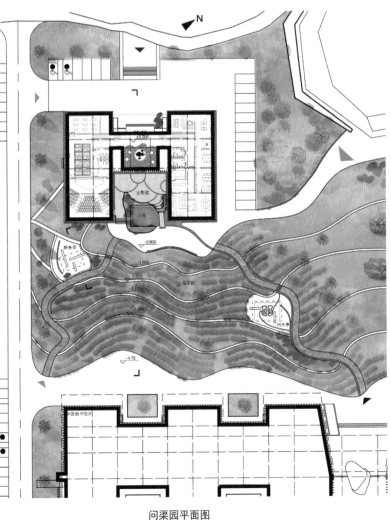

问渠园平面图

问渠园室外景观设计

坡地茶园

竹林掩映

乔木密林

灌溉设计

原有排水系统

新增雨水管理

喷灌范围

迎宾序列

这一序列的出发点在于使用的情景：日常师生如何方便地到达课室？举行活动讲座、来宾到访如何让他们体验空间？

根据"问渠"的主要理念，利用水与沟渠的流动意向，组织迎宾、观览流线。

在"大厅、走廊、侧厅"序列上，安排了水的不同姿态：洄纠泉涌—溯源而上—斗折蛇行—积水为谭。根据各环节不同的空间指向性与功能，集合各种传统符号与意向，希望能将广阔的文化图景在这一室内序列集中展示。

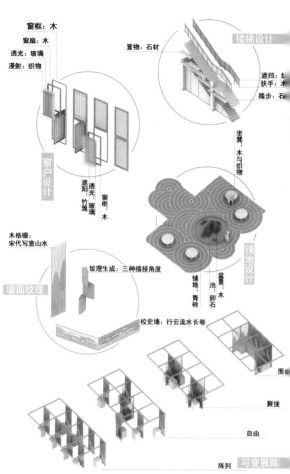

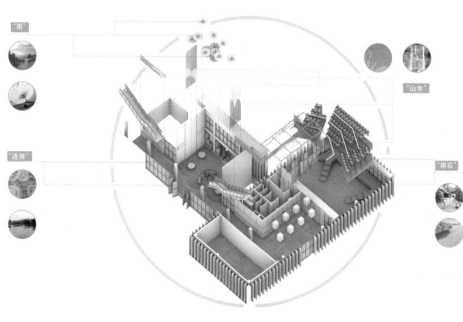

 +  =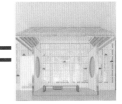

坦桑尼亚有饮茶的历史，一直是茶叶出口大国。

茶室设计的灵感来源于曲水流觞。古人以兰亭曲水流觞为雅。从古至今有诸多兰亭图，这里主要选取李公麟的兰亭修禊图作为分析对象。

坦桑尼亚典型传统民居。

大多是把树枝、细棍插在地上围成圆形，外面涂上泥巴、牛粪等建成。房顶为伞状，用树棍搭梁，其上覆盖茅草。整个房子呈圆锥形。至今马赛人仍居住于这种圆形屋。在坦桑尼亚农村，这样的茅草房很普遍。

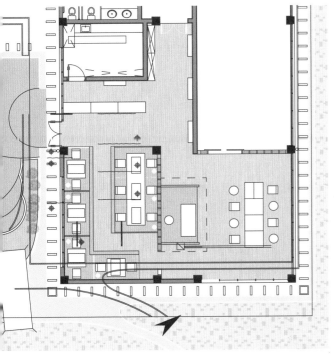

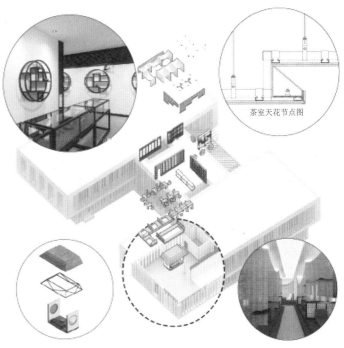

茶室天花节点图

3厚PVC卷材用专用胶粘剂粘贴
20厚1:2.5水泥砂浆，压实抹光
1.5厚聚氨酯防水层(两道)
最薄处20厚1:3水泥砂找坡层，抹平
水泥浆一道(内掺建筑胶)
80厚C15混凝土垫层
夯实土

茶室剖面图

休闲阅览空间设计

结合建筑结构设置书架，并融入匾额的元素。书架部分镂空处理，形成视线穿透、遮挡与交互。汉语角的桌椅也顺势与书架结合布置，架高铺地，限定出讨论空间，并提供席地而坐等多种阅读姿势。

灯光设计

图书馆的灯光设计希望能紧扣"简单高效"四字，共采用三种不同类型的灯具，分别对整体空间、书架以及书桌进行灯光照明，以直接光和间接光共同作用的方式达到图书馆工作面平均300lx照度的要求。同时考虑到坦桑尼亚的光照条件，采用竹帘进行了遮光处理，并设计了夜晚、晴天、阴天三种不同灯光照明模式。

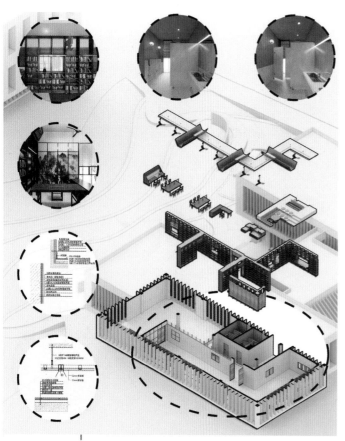

图书馆分解轴测图

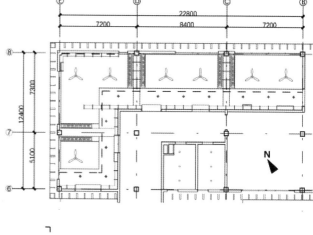

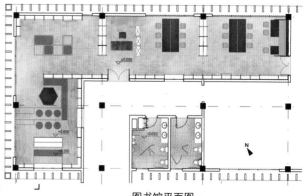

图书馆平面图

图书馆剖透视图

教学活动序列设计

基于空间现状及问题，结合使用要求现状，重新规划二层教学活动空间布局，置入新功能，提供灵活多变的使用状态。家居设计以适用性、灵活性为原则，以传统中式家具为原型，结合六边形图案进行设计。室内墙面呼应传统中式建筑里线条比例进行设计装饰，佐以"帘幕无重数"意象的吊顶设计，结合照明和风扇进行布置。

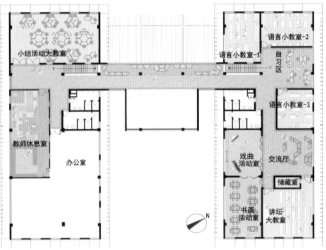

二层平面图

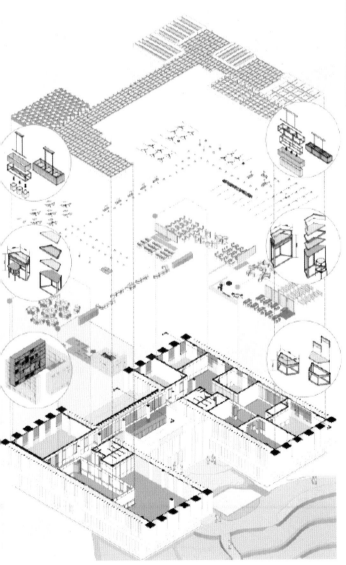

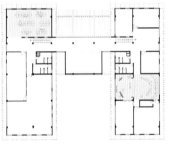

临时汇报舞台模式

将戏曲活动室门扇全部开启，交流厅的家具重新布置，戏曲活动室化身为舞台。

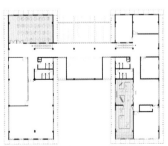

临时成果展览模式

两个活动室连通，使用同一套吊顶，安装滑轨，吊装展板，展示时可布置为临时成果展厅。

同济大学

合欢书院——援坦桑尼亚达累斯萨拉姆大学孔子学院室内外环境设计

指导教师：左 琰 林 怡
小组成员：余万选 丁 悦 王 楷 何 俊

评委点评

通过将中国斗拱和非洲绑扎技术融合，将中非文化融合。一显一隐的两组设计将中国传统园林打碎再重组，呼应了中国园林的空间特征。在室内部分，对于色彩的运用比较合理，充分反映了中国和非洲使用色彩的差别，但是两者又有机地结合在一起。而且舞乐教化从室外延伸到了室内部分，使室内外达到了统一。

对于室外的照明考虑较少，应该跟室内一样，考虑夜间照明。室内偏向于传统中式风格，与非洲文化、艺术的结合。

作品展示

设计说明

在设计中，我组希望孔子学院既能体现中国特色，又能融入非洲当地环境，成为中非文化交流的平台。因此，我们想到了"合欢"。合欢是非洲最常见的树种，在我国也分布广泛，而它的名字"合欢"也寓意了我们设计里对中非交流的期待："合"是交流的状态，是文化的融合；而"欢"是交流的成果，是美好的愿景。

设计要素

1. 材料。选取中非共有的植物——合欢和竹，将它们在非洲的环境里应用，并赋予中国的意蕴。

2. 廊。针对室外的空间组织，我们使用了中国园林中的元素——廊，来组织孔子学院旁边的中坦文化园。廊，可游、可观、可居，非常适合中坦文化园的条件。

3. 舞乐教育。孔子学院不只是语言的教授平台，更是一个教育的场所。引用中非都有的舞乐作为一种教学形式，在设计中引入舞台，作为一种特别的教学空间。

4. 色彩。非洲传统艺术和服饰具有独特的色彩文化，而中国传统文化也有自己独特的色彩体系。将色彩作为搭接中非文化的桥梁，既容易被非洲人接受，同时也可传递中国文化。

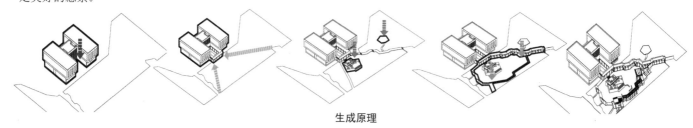

生成原理

外环境设计

在室外部分，找到三个能够相互结合的点，分别是结构、材料和空间形式。运用非洲当地材料塑造中国的空间形式和意境，既符合儒家思想，又能够让非洲学生更好地接受，以此创造出既有中国斗拱意境，又表现非洲绑扎技艺的结构节点。

室外道路分别位于场地的东西两侧，一个开敞，另一个封闭。舞台也同样一个是开放展示型，位于场地中央；另一个是内向内敛型，隐匿于竹林中。这两组一藏一露的对比，呼应了中国传统园林的空间形式。

内设计

1. 建筑大堂

设计概念源于中国传统书院。以书院讲堂作为空间的设计原型，提取了三个空间要素，分别是空间的对称性、用于教化和传播文化思想的文字以及在空间上用于分隔讲堂前段与后段的板门。

2. 阅览室

灵感源于中国传统院落的布局。一条主轴线贯穿了几个主要的功能，功能之间通过院落的形式连接起来。在阅览室中，设置了三个功能区块，分别是休闲阅读区、藏书区和专注阅读区。

中央舞台

竹林舞台

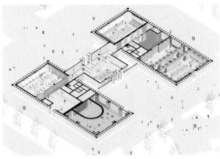

室内一层轴测图

室内二层轴测图

大堂效果图

阅览室效果图

3. 歌舞厅

歌舞厅是"舞乐教化"的场所之一。因为房间同时承担排练与表演两种功能，排练需要大片场地，而表演则是需要观众席和舞台，因此房间只在四周摆放了固定的座位，并且配有活动的座椅，而舞台则是由灯光来表现。

4. 书画室

书画室是专门提供书法和国画教学的场所。为塑造一个有中国味道的教室，教室与楼道间的隔墙是原竹制作的格栅，格栅上有抽象山峦的图案，寄托着中国文人对自然的期待。从走廊进到书画室内部，需要经过这片竹廊，先沉下心来，然后再开始学习国画与书法。

书画室的照明也进行了特别设计，为白天有直射光线、阴天、夜晚三个状态提供了不同的照明形式。

5. 二层空间

在改造的时候，在保证正常的教学与办公需求基础之上，减少单一重复的交通空间，将二层空间转化为更多可以促进交流的公共休息区。而且为了呼应"合欢"的主题，我们进一步延续对色彩的利用，收集了常见的非洲色彩，并在此基础之上，从大量中国传统色彩当中筛选出了符合非洲人审美的并且富有文化内涵的8个中国色彩运用到教室当中。

歌舞厅效果图

书画室效果图

二层公共空间效果图

华南理工大学

援黎巴嫩国家高等音乐学院设计

指导教师：薛　颖　谢冠一
小组成员：王　景

评委点评

　　方案整体空间感受比较素雅，地面墙面的材料以及色彩搭配中运用了伊斯兰文化的要素和特征。有一点需要改进的地方是，设计主题从"音乐交流"出发，但音乐要素的表达不够，应该更多地从空间功能上突出主题。另外，空间的设计上，比如图书馆、餐厅都很有特色，但也要对作为音乐学校主体功能的一些空间，比如舞蹈室、交响乐教室等做更多的侧重，整体的效果表达还需要进一步完善和深化。

作品展示

设计说明

　　如何凸显文教建筑的地域性特征，是本项目探讨的主要话题。较之于表面的装饰纹样研究，本次设计将重心侧重于探讨教育、政治、宗教、经济综合背景下地域性特征，通过全方位探究黎巴嫩的社会因素，发现黎巴嫩高等教育发展不平衡，同时了解到音乐在黎巴嫩乃至中东地区的重要性，当地人们对音乐充满热忱，所以决定从"音乐交流"出发，为黎巴嫩高等音乐学院设计新的音乐教育体制，同时试图用音乐缓解政治、宗教冲突，例如共享音乐资源、难民辅助等。最终目的在于用音乐连接音乐学院与社会，使得原住民与难民受音乐教育的机会增加，进而对社会发展起到积极的作用。

思维导图

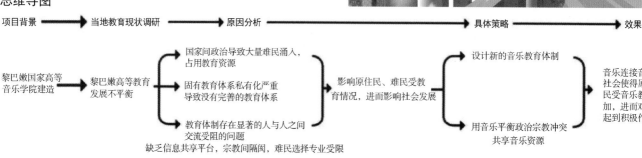

项目背景　→　当地教育现状调研　→　原因分析　→　具体策略　→　效果

黎巴嫩国家高等音乐学院建造　→　黎巴嫩高等教育发展不平衡

国家间政治导致大量难民涌入，占用教育资源

固有教育体系私有化严重导致没有完善的教育体系

教育体制存在显著的人与人之间交流受阻的问题

缺乏信息共享平台，宗教间隔阂，难民选择专业受限

影响原住民、难民受教育情况，进而影响社会发展

设计新的音乐教育体制

用音乐平衡政治宗教冲突共享音乐资源

音乐连接音乐学院社会使得原住民与民受音乐教育机会加，进而对社会发起到积极作用。

筑布局分析

将设计流程与知识指向与空间分布相对应，设计三大区域，自上而下是基础教育区、交流创作区、共享传播区。实际场地中，1~3层为共享传播区，4层为交流创作区，5层为基础教育区。

声音交流：二层设琴房。在不同的位置，可以不同程度地听见钢琴声。

纵向空间交流：用植物墙联系三层空间，实现视线的纵向延伸。

知识流向

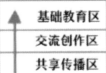

人流流向

安保与前台
教学管理用房
门厅与公共交流区
餐饮区
集体教室与演奏厅
小教室与琴房
图书室与复印室
教师办公/教师交流区/会议

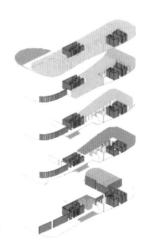

剖透视图

餐厅剖面图

图书馆剖面图

剖面图

材料与形式

材料采用木饰面、砖、混凝土、厚浆型环氧地坪涂料。
在破碎的石头和腐烂的木材中，可以看到黎巴嫩建筑的历史元素。历史上，中东地区是世界上最早烧制砖块的地区，而中东地区特殊的纹样，使砖具有浓厚的地域特色。雪松是黎巴嫩的国树，所以木饰面具有当地特色。

成果展示

一层门厅

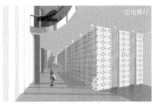
一层电梯厅

二层走廊

管弦乐室

餐厅

图书馆管理区

个人工作室

培训室

休闲区

华南理工大学

陈锦新纫——南京云锦文化博物馆室内设计

指导教师：谢冠一　薛　颖

小组成员：盛　筱　孙宝闯　张舒

陈锦新纫
New sewing method for old brocade
南京云锦文化博物馆室内设计
Interior design of Nanjing Yunjin Culture Museum
华南理工大学设计学院/16级环境艺术设计/作者/盛薇/孙宝闯/张舒蕾/指导老师/谢冠

文化背景
Cultural Background

评委点评

　　该同学做了大量的前期调研，在如何重新组合优化功能分区和交通流线方面下了很多工夫。云锦的色彩具有庄重和典雅明快的气势，云锦的纹样及工艺具有浪漫色彩，作品选取南京云锦作为设计元素，建筑沿东西方向延展，形成流线型建筑形体，并且室内空间与建筑外壳完美呼应，将文化特色转换成空间设计语言，取得了很好的空间效果。

　　不足之处在于：①平面布局的出入口设计划分不是很清楚，需要相应的标识引导系统做辅助；②展览的空间流线上，需要增加整体流线分析图，才能给观众带来良好的参观体验。

作品展示

设计说明

　　南京云锦极具文化、艺术和历史价值，其织造技艺于2006年列入首批国家级非物质文化遗产名录，并于2009年9月入选联合国《人类非物质文化遗产代表作名录》。南京云锦是中国丝绸的巅峰。南京云锦博物馆作为这一文化建设的重要载体，自然也成了建设的重点。但在建筑空间中，传统工艺文化风貌如何与现代审美需求协调统一，还是有待研究和解决的课题。

　　此次设计，通过云锦这一传统手工艺的抽象化、现代化，将文化转译为空间设计语言，从而获得更好的空间效果，使游客能在空间中体验云锦文化，从而激发民族自豪感，为"一带一路"倡议的中国梦贡献力量。

云锦文化分析

　　颜色：色彩主调鲜明强烈，具有庄重、典丽、明快的气势。

　　纹样：大量富于浪漫主义色彩的抽象纹样和描绘自然现实的具象纹样结合使用，并有吉祥的含义。

　　材料：云锦用金线、银线、铜线及蚕丝、绢丝、羽毛等来织造，效果更加华丽、独特。

　　工艺：南京云锦用提花木机手工织造，无法用机器替代人工生产。其工艺有逐花异色、通经断纬、挖花盘织等。

云锦文化转译

提取缂丝工艺抽象为杆件形成空间界面

选取云锦图归纳图中颜色

将颜色按比例乱序排布在杆件上

抽象图案为地面纹理

空间内部深化

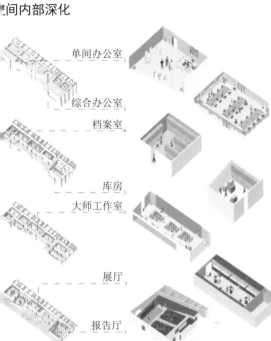

单间办公室
综合办公室
档案室
库房
大师工作室
展厅
报告厅

配套设施设计

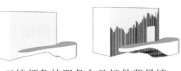

云锦颜色的服务台及杆件背景墙

添加云锦颜色和纹样肌理的座椅

纪念品商店的彩色展台

多功能厅　电梯
主展厅　报告厅

标识设计运用云锦经典的红蓝两色

图纸展示

博物馆一层平面布置图

博物馆二层平面布置图

博物馆三层平面布置图

博物馆四层平面布置图

剖面图

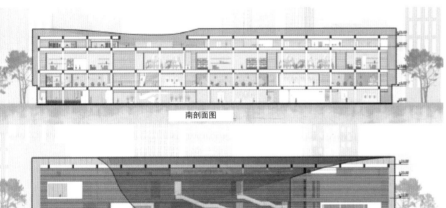

南剖面图

北剖面图

西剖面图

东剖面图

透视图

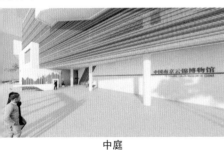

中庭

报告厅透视图

大师工作室透视图

展厅透视图

报告厅透视图

走廊、电梯厅透视图

西安建筑科技大学

无界——援黎巴嫩国家高等音乐学院设计

指导教师：刘晓军　冯郁

小组成员：程华玥　李颖　金显　徐可欣

评委点评

　　该项目从国民生活入手，使黎巴嫩国家音乐学院的设计更加贴合黎巴嫩的实际情况，立意准确。由于地理位置的原因，方案整体围绕着大海的元素展开，这个想法很好。设计运用的元素则是采用大海的色彩以及特色，两者的贴合度很好。

　　但是在实际方案中，没有很好地体现出设计者所想表达的意图。在某些空间的设计上还欠缺考虑，比如四层图书馆的设计，目的是想营造大海海底的视觉体验，但内部造型与建筑本身的贴合度不够好，没有考虑到后期的维护等问题。

作品展示

设计说明

　　无界——音乐无界，人本无界。设计理念也没有界线——将种族无界、宗教无界、阶级无界、贫富无界、国界无界之分的状态呈现给大家。

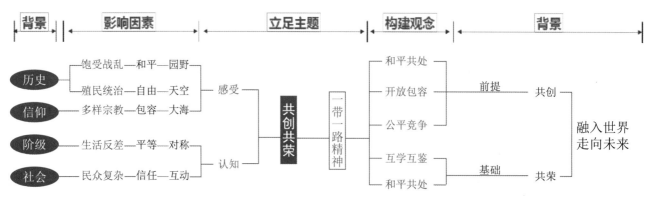

设计元素

彩分析

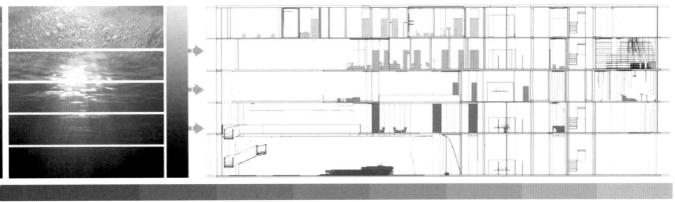

至五层颜色深至浅在场景的运用

果图展示

一层大堂

二层餐厅

三层休息室

自由冥想空间

过道休息室

个人工作室

管弦乐室

四层休息区

四层走廊

四层图书馆

五层休息区

五层阶梯教室

五层茶吧

舞蹈教室与外平台

导师寄语

　　该团队针对黎巴嫩国家高等音乐学院室内设计,根据黎巴嫩当地的文化背景和生活习俗,提出了"无界"的设计主题,很好地从当地文化角度考虑,并且结合建筑本身的设计理念去思考。从宏观角度考虑,能够更好地掌握大方向。设计主题创新,是一个好的切入点。

西安建筑科技大学

启明星——援阿尔及利亚青少年文化宫室内设计

指导教师：刘晓军 冯郁
小组成员：赵燕芳 李飞 徐祝赟泽

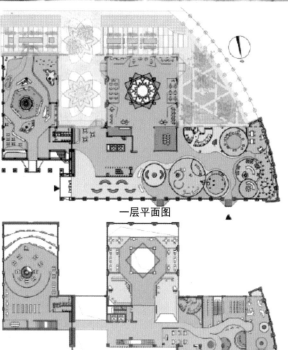

一层平面图

二层平面图

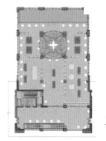

三层平面图

评委点评

学生们的设计分析全面、思路清晰、内容完整、逻辑性强，需要结合建筑功能，加强对特定空间的设计。在具有全球化视野的设计创作中，提取的文化元素一定要精练、准确。要注意细节、照明、材料的选用，结合当地使用特点去考虑照明、色彩、湿度、消防及家具，优化标识导视系统；针对不同空间使用功能，选用不同材料。

作品展示

设计说明

该设计秉承着尊重文化差异的理念，响应"一带一路"倡议对于文化交流互鉴的号召，在设计中尊重当地文化，以当地特色为主，加上中华元素进行小的装饰，来达到两国文化交流的目的。

在使用人群的定位中，将服务的主要人群定位于青少年，并且在具体的空间设计中以富有趣味、开放的空间为主，追求寓教于乐。考虑到女性地位问题，将社会的责任与设计相结合，在三层设女性专属阅览室。

在空间功能的划分上，充分利用可用空间作为学习空间，减少办公与休闲空间的比重，增加教学区域，以突出学习的重要性。

使用元素

科尔多瓦大清真寺顶 - 启明星

阿罕布拉宫墙

谢赫扎耶德大清真寺连廊

椰枣树叶

设计方案

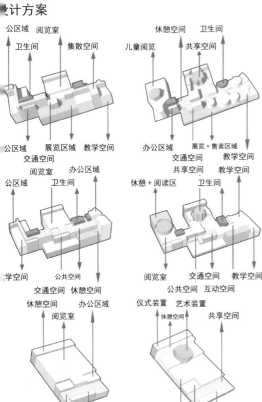

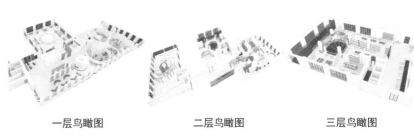

一层鸟瞰图　　　　二层鸟瞰图　　　　三层鸟瞰图

效果图

一层多功能大厅

一层阅览室

二层大厅

一层教学区　　　　　　　　　二层阅览室

二层教学区　　　　　　　　　三层阅览室

北京建筑大学

援坦桑尼亚达累斯萨拉姆大学孔子学院室内外环境设计

指导教师：滕学荣　朱宁克

小组成员：汤晓东　英若彤

评委点评

在该设计作品中，室内贯穿着整个设计概念——"圆／园"。主要设计了老年活动中心、中心大厅、一层阅览空间、二层阅读室、书法教室5个重要空间。5个空间包含了学习与休闲活动两大主要功能，可以更好地展现孔子学院的设计特点。加以庭院穿插，林木绿化衬托，孔子学院建筑屋檐起伏变化，色彩清淡朴实，构成生动优雅的景象，与自然环境有机结合，可达到"骨色相和，神采互发"的效果。

在双人阅读区，靠窗一侧设置书桌，并设计了折叠式凹槽台灯，随取随用。书桌的外观采用中式的纹路花样进行了简化处理。

在四人阅读区，西侧设一个独立的空间，大型半圆形拱顶给人以舒适的包容感。

作品展示

设计说明

设计以"一带一路"国家和地区和谐共荣为起点，融合了坦桑尼亚与中式文化底蕴的设计元素——书院与圆。作为文化教育与传播中心的孔子学院，以"书院"的形式设计景观部分，通体加入"圆"的底蕴。建筑因地制宜，为与周边建筑群的风格融合，选取了中式徽派建筑样式，与白色的图书馆、报告厅相呼应。景观设计借鉴中式园林的遮掩手法与对称手法，结合当地自然风貌与气候条件，增设围合空间与扩散空间，并设中心景观的中心蓄水湖，使下沉广场富有秩序感与节奏感。种植了大量地方特色植物，如黄椰树、时间花等观赏性绿植，贴近自然，亲近人文，营造文化底蕴与气质相结合的孔子学院景观。

中坦文化交流园

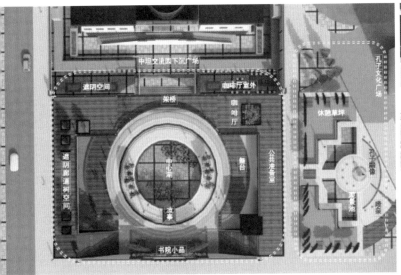

流水楼梯　　　　　　　　树荫廊道

下沉广场　　　　　　　　中心蓄水湖

室外咖啡厅　　　　　　　中坦交流园夜景

在中式建筑中，"圆"有着广泛的运用，最具代表性的便是园林中的洞门。当"圆"元素被运用于浓浓的中式背景中，体现的是对"圆融、圆满"文化内涵的传承。

建筑与室内空间

共享空间

图书室　　　　　　　　　书法教室

中央大厅廊道　　　　　　老年活动中心

导师寄语

　　本作品从建筑和室内空间环境对人有强烈心理影响为出发，结合当地地理情况，从中国传统元素中提取出"圆"这一概念进行设计，观点新颖。建筑室内设计贴近自然，以谦逊的姿态面向自然。孔子学院建筑不仅是活动的场所，也是传递知识和表达情感的媒介。空间、路径和建筑不仅要密切配合人的行为模式，而且要形成庄严肃穆的"情景"。

　　从室内空间形态看，仪式场所严格按中轴对称，空间序列富有层次和节奏。从路径来看，活动路径基本和中轴线重合，且仪式的每个重要步骤都和路径上的室内节点对应。室内设计建议加强中国礼仪文化、和谐共生、双赢发展的表达，讲究空间造型的细节。

北京建筑大学

援阿尔及利亚青年文化馆环境设计

指导教师：朱宁克　滕学荣
小组成员：方玥莹　刘雨昕

评委点评

设计应当注意四个方面：一是不能选择性调研，要全面深入地了解课题背景；二是空间形式要以人为本，考虑不同群体的需求；三是设计要考虑地域性，包括了解当地文化和当地居民的生活习惯，不能千篇一律；四是要考虑空间的系统连贯性，处理好空间与绿地的尺度关系。

作品展示

设计说明

本项目为中国援助阿尔及利亚的文化友好建筑。项目建设场地在阿尔及利亚首都阿尔及尔南部的老城区，城区面积 26.73km²，人口 13.2 万人，人口密度相对较高，年轻人比例很高。

本项目主要建设内容包括文化馆（A 区）、多功能影剧院（B 区）、游泳馆（C 区）、手球馆（D 区）、幼儿园、青年旅馆和办公楼及辅助配套设备用房等，总建筑面积 28300m²。

文化馆建筑主体地上三层，局部二层，首层层高为 5.5m、二层层高为 4.5m，三层层高 4.8m，檐口高度 15.95m，建筑面积约 6670m²。主要包括雕刻工作室、绘画工作室、语言培训教室、手工艺培训教室、多媒体室、览用房、展示厅、文艺创作室、研究室、文化档案室、文化部网络中心、行政办公用房、其他配套辅助用房等。

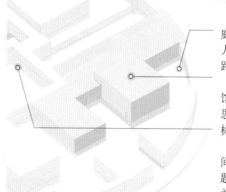

景观设计： 文化馆西南侧庭院、东侧中心广场、建筑上人屋面的景观环境设计以及道路铺装设计。

室内阅读空间设计： 文化馆室内设计。可按照具体设计思路进行局部改造调整，包含标识导视、软装陈设等内容。

展厅设计： 在建筑展示空间内进行展陈设计，展陈的主题应与框架总命题要求相关联。

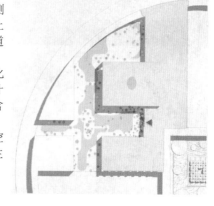

在室外流线分析过程中考虑以下几点：庭院设有主、次两个入口，主入口，青少年与家长、文化馆员工都会进出，故留出足够空间；次入口人员流动较少，空间也比较小。

筑区域位置图

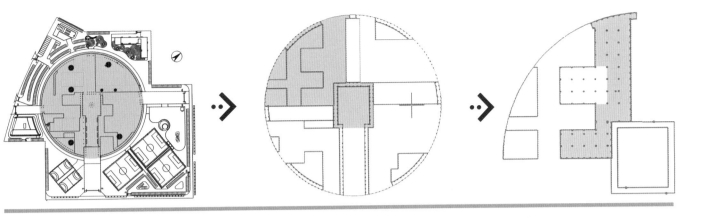

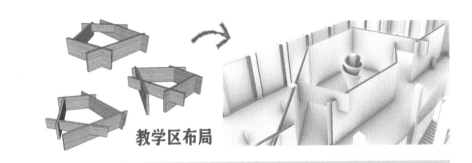

教学区布局

一层大厅效果图

二层娱乐区效果图

上人屋面效果图

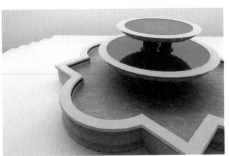

南京艺术学院

大方之家——援坦桑尼亚达累斯萨拉姆大学孔子学院展示设计

指导教师：朱 飞

小组成员：肖雯研 姜楚轩

嵌入在展览中的公开课空间，使空间得到更有效利用，传达内容方式更生动。

评委点评

设计的落脚点很巧妙地融合了中西文化。整个设计较为完整，逻辑清晰，图纸版面视觉效果好。需要改进的地方是：①设计手法、表达形式可以更丰富些，与传统做更多的结合和变化；②整体氛围的真实感营造有所欠缺，包括展览策划、环境氛围、光线变化、空间转换等可以继续加强。

作品展示

设计说明

在援坦桑尼亚达累斯萨拉姆大学孔子学院展示设计中，我们将中国活字印刷术作为展示空间的设计创意，并结合非洲绘画艺术，营造了一个融合中西文化的孔子学院。

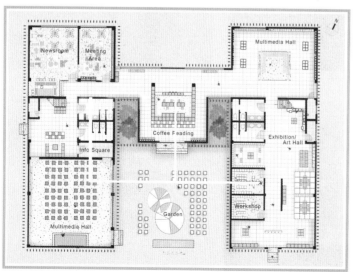

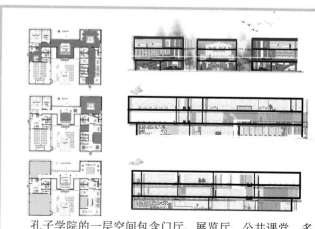

孔子学院的一层空间包含门厅、展览厅、公共课堂、多媒体活动室、课后活动室，是展示设计的主要空间。

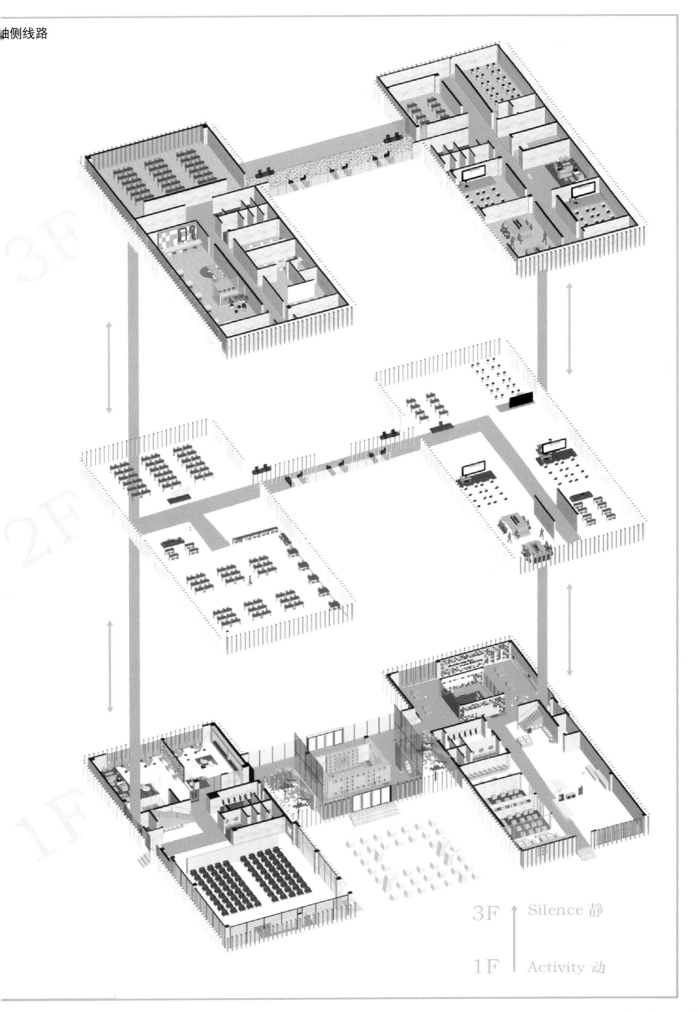

3F ↑ Silence 静

1F ↓ Activity 动

空间序列

入口 → 门厅 → 中庭 → 咖啡阅读区 → 出口 → 庭院

入口 → 走廊 → 接待室 → 讨论室 → 楼梯 → 二楼

入口 → 走廊 → 永久展览 → 公开课 → 临时展览 → 学生作品展 → 楼梯 → 二楼

入口 → 休息区 → 多媒体活动 → 卫生间 → 文印室 → 储藏

行为习惯

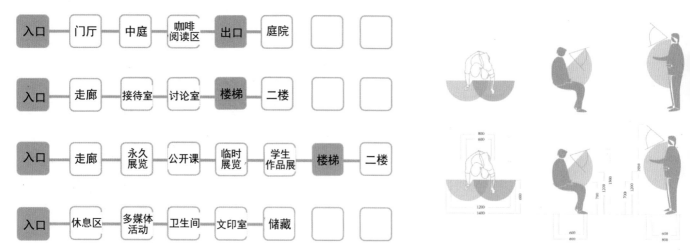

功能需求

| 教学空间 53% | 展览空间 22% | 辅助空间 22% |

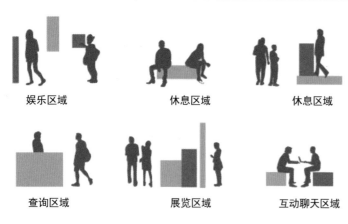

娱乐区域　　　休息区域　　　休息区域

查询区域　　　展览区域　　　互动聊天区域

信息引导

A

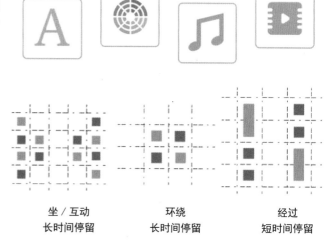

坐／互动　　　环绕　　　经过
长时间停留　　长时间停留　　短时间停留

导视系统

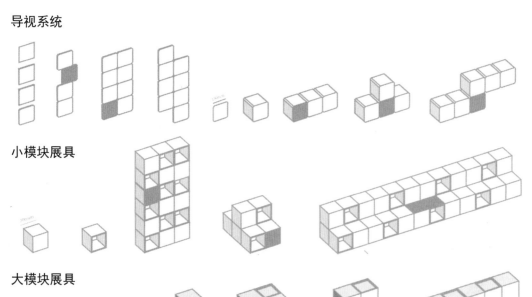

小模块展具

大模块展具

模块单元

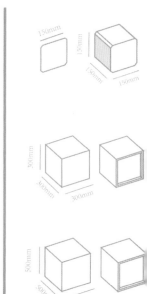

150mm　150mm　150mm

300mm　300mm　300mm

500mm　500mm　500mm

念生成

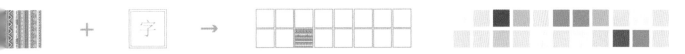

　　整个设计旨在弘扬中国传统文化，以亲和的方式将中国传统文化内涵与非洲人文特色有机结合，在创新中求同存异，构建不同文明的交汇点。在方格的基础上，我们进行了展具的模块化设计，以三种规格的单元体为基础，结合活字印刷术灵活多变的形式，将不同大小的方盒子进行组合，根据空间的功能和尺度进行排列组合。

庭空间

　　中庭空间以素雅为基调，在每一层的走廊，都可以看见中庭。

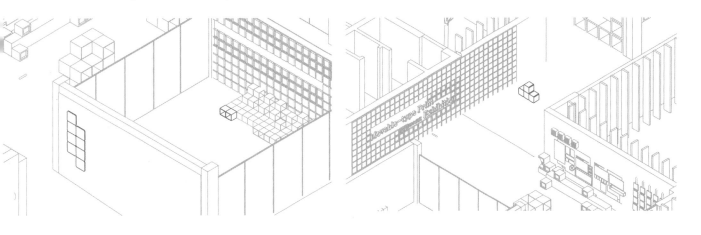

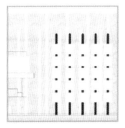

展览空间

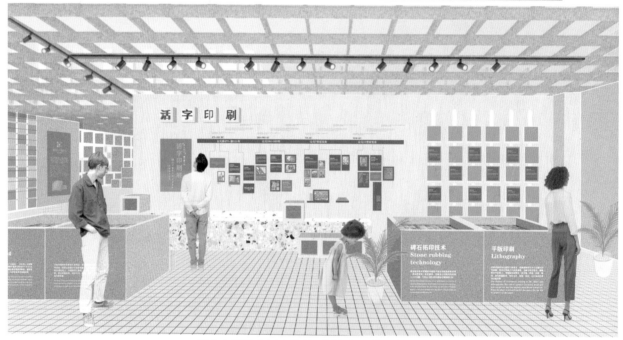

嵌入在展览空间中的公开课空间，使空间得到有效利用，传达内容的方式更加生动。

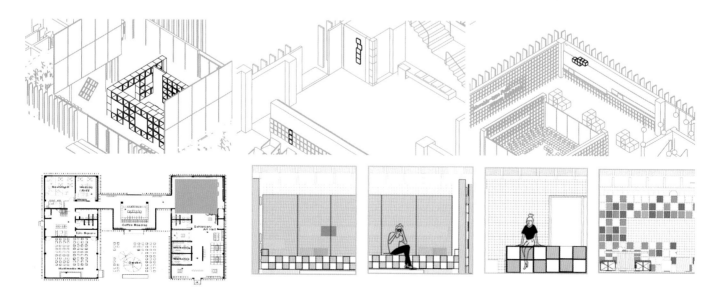

矩阵排列的景观雕塑具有不同高度，满足不同人群在庭院空间的各类活动需求。

 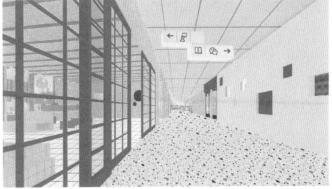

南京艺术学院

云游——援坦桑尼亚达累斯萨拉姆大学孔子学院设计

指导教师：朱 飞
小组成员：张懿闻 薛丁杰 孙
徐祎

评委点评

该方案借用"云"这个概念，立意很好。在方案中，"菜单"做好了，有没有"菜"，做什么"菜"，就需要同学们深入考虑问题、观察事物。将理论与实践结合起来是有难度的，尤其是为观众营造一种科技感的氛围。

作品展示

设计概念

多元文化的碰撞与共生

我们从中国元素出发，在方案初步设想时，从众多元素中提取"祥云"，并结合信息化、经济全球化的时代背景与对话非洲的实际目标，在"多元文化的碰撞与共生"主题下，以"云"概念作为本次设计的核心理念。

调研分析

南京云锦
锦是代表最高技术水平的织物。而云锦用料考究，织工精细，图案典雅富丽，色彩宛如天上云彩般瑰丽。

达累斯萨拉姆大学
达累斯萨拉姆大学为非洲著名大学之一，多位非洲国家政要毕业于此，东非规模最大、设施最全、现代化程度最高的图书馆坐落于该校。

廷嘎绘画
采用坦桑尼本土的绘画语言展示最原始的本景物，原始装饰味强烈，重明暗系，线条流畅，彩瑰丽、造型夸张。

云纹历史发展
从商周时期到明清时期，云纹经历了云雷纹、卷云纹、云气纹、飘带云纹、朵云纹、如意云纹、勾云纹、团云纹、之云纹的发展演变。

祥云纹样
由流动飘逸的曲线和回转交错的结构构成。丰富多变的造型，流动而富有韵律的曲线活泼生动。能够自由变形以适合于任一平面与空间范围内。

一层空间体系

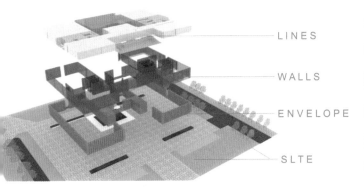

LINES

WALLS

ENVELOPE

SLTE

空间区位

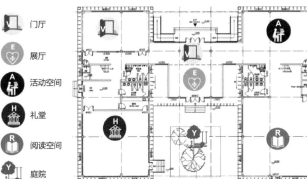

门厅

展厅

活动空间

礼堂

阅读空间

庭院

空间方案

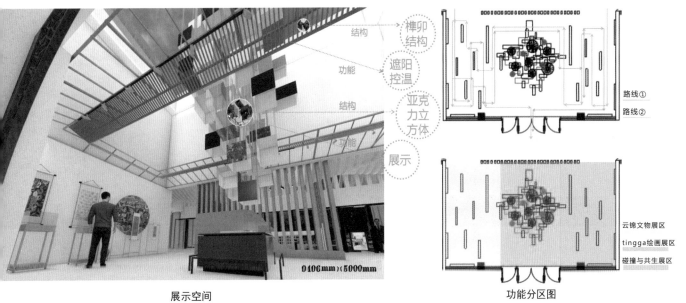

结构

功能

结构

功能

榫卯结构

遮阳控温

亚克力立方体

展示

0106mm×5000mm

路线①

路线②

云锦文物展区

tingga绘画展区

碰撞与共生展区

展示空间

功能分区图

门厅草图

智能扫描与信息导览

门厅接待、休憩

展厅出入口

云锦文物展区

tingga 绘画展区

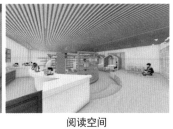

庭院

活动中心

阅读空间

浙江工业大学

游境——援坦桑尼亚达累斯萨拉姆大学孔子学院室内外环境设计

指导教师：吕勤智　宋　扬

小组成员：吴歆悦

评委点评

　　方案整体分析全面，思路清晰，内容覆盖很广，调研深入、系统，结合中国古典文化进行设计，表现非常具有特色。方案充分表达了中国文化的博大精深，包括佛教、道教等，空间序列也参考了中国古典园林和一些非物质文化遗产等，考虑得非常周到，但过于面面俱到。如果能更收放自如一些，表达最想表达的内容，这个设计会更具感染力。

作品展示

设计概念——游境

　　方案概念为游境，取自《以"游"入境》一书，书中讲述"游"是一种中国传统独特美感心态：主体自我解脱，从内部获得心灵自由，释放精神能量的境界。方案围绕"游"所产生的空间感受和文化感受，来解决孔子学院目前面临的三大问题，即怎么体现文化？怎么传播？怎么教育？

以游入境

自由的活动方式和状态	→	精神的自由

身体：自发的游览，非强制输入　　　思想：非常符合中国的美学哲学思想

游	1. 游道→陆机→心游
儒释道	2. 庄子→逍遥游
	3. 孔子→游于艺

艺术 ＋ 教育 ＋ 人格 ＋ 处世态度 ＋ 人生境界

空间问题

功能

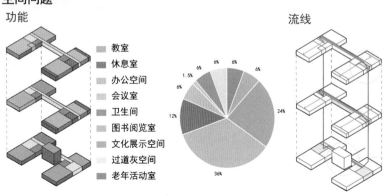

- 教室
- 休息室
- 办公空间
- 会议室
- 卫生间
- 图书阅览室
- 文化展示空间
- 过道灰空间
- 老年活动室

6% 6% 6% 6%
1.5%
6%
12%
24%
36%

流线

　　孔子学院的功能以教室空间为主，文化展示空间其次。空间功能层次分明，但较为单一。

　　过道灰空间为主要的交通流线空间，流线较为单一。

　　教学环境无特色，均是普通教室的陈设，教学环境类型单一，空间封闭，室内装饰多为形式装饰，缺少氛围与内涵。

　　空间无法满足多样的文化需求：孔子学院的活动往往周期性短。且多为形式上的传递，活动内容单一。只能满足当地人们的好奇心，不能满足深入了解中国传统文化的需求。

方案演进

教学体系

根据《论语》，得出相应的教学体系。

博学之，审问之，慎思之，明辨之，笃行之。

↓	↓	↓	↓	↓
教学	研讨	自习	讲座	测试
展览				实践
阅读				体验

探知	体验

体系构建

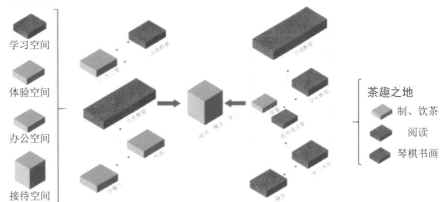

学习空间
体验空间
办公空间
接待空间

茶趣之地
制、饮茶
阅读
琴棋书画

空间叙事

根据周边流线和功能间关系确定三个高潮

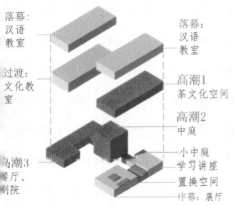

落幕：汉语教室

过渡：文化教室

高潮3
餐厅、剧院

落幕：汉语教室

高潮1 茶文化空间

高潮2 中庭

小中庭
学习讲座
置换空间

序幕：展厅

空间生成

建筑｜木作	整池	修山	立峰	补树添花	铺路修墙	油漆悬额	布置家具

1. 置入构筑物
2. 整池
3. 修山立峰
4. 立庭院

生成构筑物

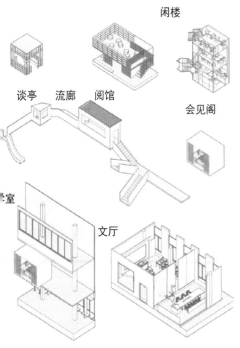

闲楼

谈亭　流廊　阅馆

会见阁

学室

文厅

置入构筑物

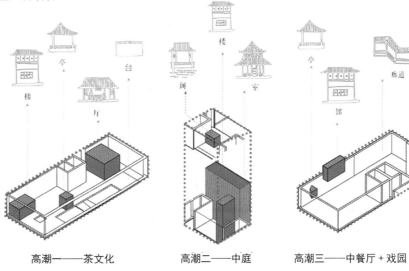

楼　亭　台
阁　厅　室
楼　亭　修道
阁　馆

高潮一——茶文化　　高潮二——中庭　　高潮三——中餐厅＋戏园

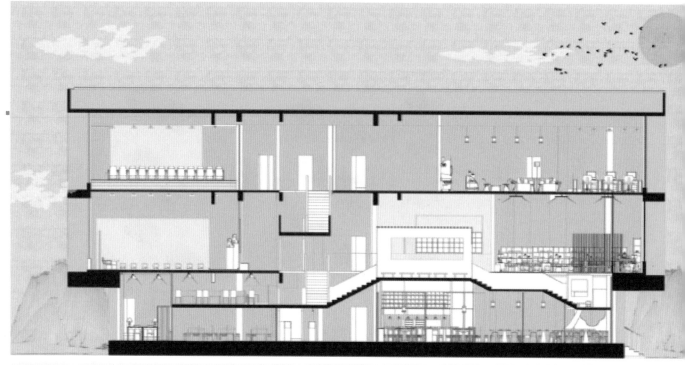

路径生成

路径分区

1. 第三空间：
流廊

2. 中庭：
云桥

3. 展览讲座：
阅山

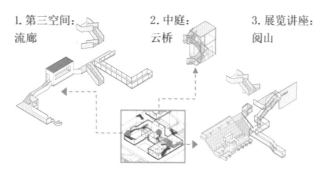

动静分区

—— 动：长的游览线
( ) 静：观赏点

阅读

对望

坐看

交谈

静观

喝咖啡

自习、交谈

看戏、交谈

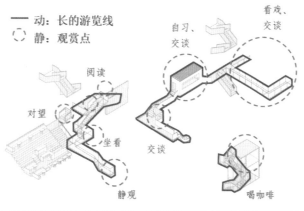

路径体验

1. 展览讲座：阅山

有时相对手可援
急起直追几重隔

同游仍分散

看似有路，实则不通

取势在曲
不在直

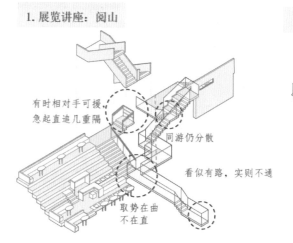

3. 中庭：云桥

时而穿洞
时而过桥

2. 第三空间：流廊

欲上先下

欲左先右

看似无路，恰则藏路

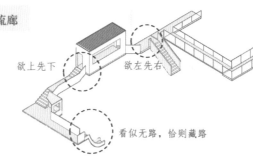

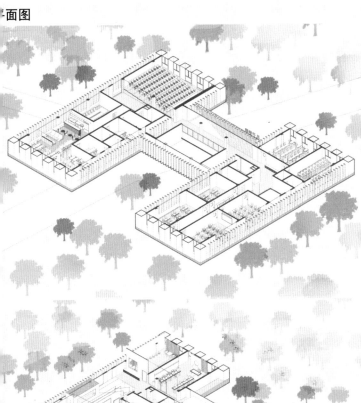

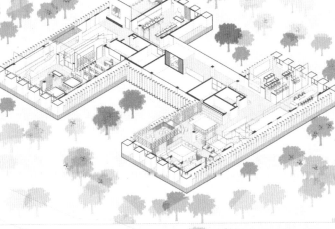

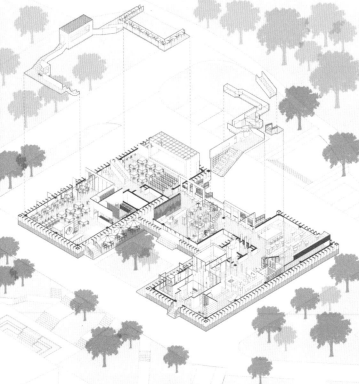

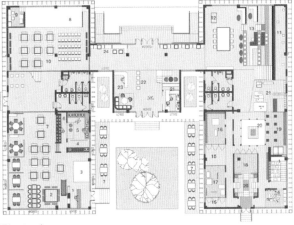

First plan

餐厅　1—点餐处　2—共享餐桌　3—舞台　4—开放厨房　5—厨房
　　　6—自助餐　　7—用餐区
戏园　8—舞台　9—化妆间　10—看台
学习讲座空间　11—私密阅读　12—讲台　13—讨论阅读
展厅　14—陶瓷丝绸展　15—临时展览　16—脸谱皮影展　17—书
　　　画展　18—汉字展　19—漆器青铜器展　20—聚集休憩地
　　　22—中坦物件置换空间
中庭　21—咖啡楼　22—展览　23—接待

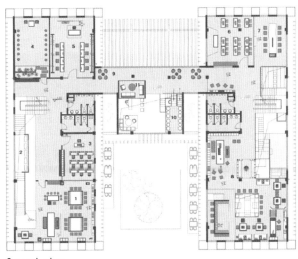

Second plan

1—手工艺教室　2—第三空间　3—中药教室　4—武术教室　5—京
剧教室　6—琴棋书画教室　7—开放教室　8—茶趣之地

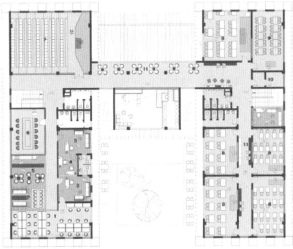

Third plan

办公区　1—开放办公室　2—会客处、非正式会议区域　3—院长
　　　　办公室　4—秘书办公室　5—咖啡吧　6—正式会议室
教室　7—阶梯教室　8—汉语教室　9—语音教室　10—语音控制室
休闲　11—上下课等候处　12—学习、交流区

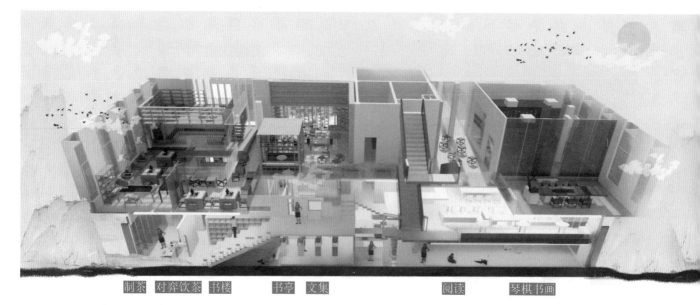

制茶　对弈饮茶　书楼　　书亭　文集　　　　　阅读　　　琴棋书画

高潮空间———茶趣之地

茶文化行为分析

文人
精神寄托，与文学、艺术直接关联

官宦与贵族
伴随着官场社交和享乐主义

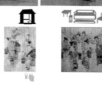

市人
忙碌之余的休闲活动、社交和习俗

书亭－文集

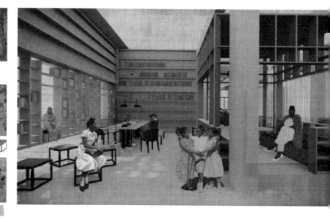

阅读－琴棋书画教室

制茶－饮茶对弈

高潮空间二———中庭

第三空间

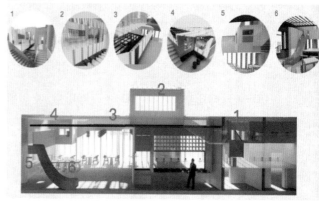

高潮空间三——中餐厅 + 戏园

行为模式研究　　　　　功能互补概念

传统戏园是一种商业的复合型活动场所

院　舞台　电影院
茶馆　餐厅
会客厅

饭点	无活动、周末	文化日	狂欢	节日庆典、宴席	休闲
戏园补给餐厅用餐需求	社团活动场所	制作美食、写书法等文化活动	舞蹈场所	边吃饭、喝茶边观看活动	戏园补给咖啡厅，作为休闲喝茶地

用餐形式

人餐　八人餐　舞　四人餐　单人食十人桌　十六人共享

点餐形式

自助　人工点餐
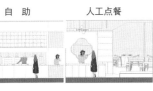

迷宫式空间体验　　　　系列文化教室

序幕——展厅　　　　　　　　　　　　　　　文化教室

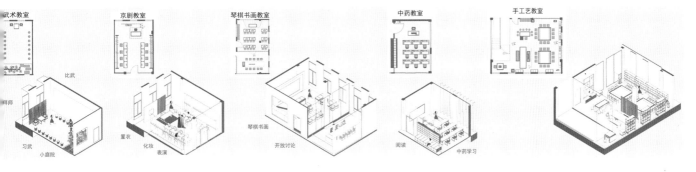
武术教室　京剧教室　琴棋书画教室　中药教室　手工艺教室

导师寄语

该设计组能够运用设计学理论与方法注意将中国传统文化与精神融入设计实践；能够研究性地综合运用专业知识对课题进行深入、系统的分析，提出设计理念与解决设计问题的方法，在功能与开放空间的结合和设计方面进行了有益地探讨；设计语言的表达与图面效果具有一定的完整性和表现力。

浙江工业大学

中华文化场所精神的异域营造
——援坦桑尼亚达累斯萨拉姆大学孔子学院室内环境设计

指导教师：吕勤智　宋　扬
小组成员：莫　倩

评委点评

　　方案整体逻辑性很强，前期的调研分析非常全面。该方案想表达开放共享的公共文化活动空间理念，在空间处理上做了一些大胆的尝试，包括在三层教学空间中将一些封闭的空间打开进行重组。从大的方面来讲，空间各有各的精彩，但作为一个整体，设计还有所不足，在大型公共空间中使用了过多的元素，反而冲淡了作品的个性，给人的印象不够深刻。在实际设计工作中应注意避免这个问题。

作品展示

设计概念分析

　　今天，大到一座城市，小到一个空间，模式化的生产方式和千篇一律的形象设计，使得场所空间的特征逐渐弱化，不能形成鲜明的场所氛围，这已经成为了一个比较普遍的问题。

　　对于海外的孔子学院来说，传统、静态的教学模式是非常不利于文化的传播和发展的。本次设计希望可以跳脱传统的教学模式，营造全面开放的教学空间，促进人在空间中的流动，同时重塑孔子学院的场所氛围，进而促进中华文化的传播。

现状分析

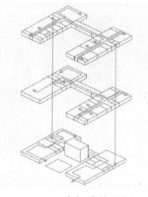
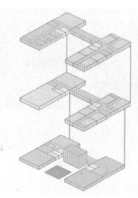

现状布局分析　　　　空间流线分析　　　　现状功能分析

空间形成过程

第一步，置入基本功能　　　　　　　　　　第二步，打破整体格局

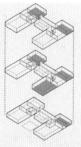
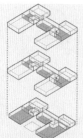
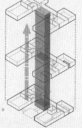
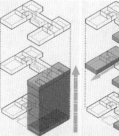
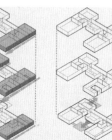

教学活动区域　　接待展示区域　　文化体验区域　　办公工作区域　　贯通室内中庭空间　　贯通展示教学空间　　平面功能连通

整体爆炸轴测图

　　通过打破原有建筑内部规整的空间布局与传统教室封闭教学的模式，赋予空间中华文化特有的场所氛围。同时在空间的处理上，重点考虑人在空间中的感知和体验，使进入场所中的人感受到中华文化的魅力，满足人们在文化精神方面的需求。

阅览活动空间

听说教室

语言教学空间

语言教学空间

书画空间

读写教室

茶文化空间

接待活动空间

文化体验空间

讲座活动空间

茶室

展示教学空间

多功能厅

接待活动空间

主要展厅空间

热点命题，纷显特色

联合指导，服务需求

东北区作品

大连理工大学

WU 界——沈阳莫子山城市书房空间环境设计

指导教师：陈 岩 都 伟
小组成员：刘睿阳 李虹阳 杨紫
宋思仪

作品展示

设计说明

　　本作品的设计概念，出自许慎的《说文解字》："界，境也。"

　　设计对象是沈阳莫子山城市书房。由于城市书房本身区别于图书馆，因此我们将沈阳文化与城市书房相联系，通过对物、人、景观的设计，达到我们本次的设计目的，即通过设计，减少人与人、人与物、人与自然之间的界线，构造一个无界的空间。

　　WU 界，既可以是五界，也可以是无界，更是"悟"的一种状态。我们在冥想空间中，通过人的感知觉，来构造空间变化；在书架以及其他物体的设计安排上，我们在原有基础上，减少了人与人之间的界线，达成"无界"；通过冥想空间的活动，最后达到精神层次的高度。

五界

嗅觉

视觉

听觉

触觉

知觉

无界

密切交流　＋　开放式交流

视线交流

信任感

冥想空间

悟界

空间隔断

新旧空间对比

观影空间

案展示

小宋每次都是自己一个人来学习

小李准备出国的资料，很焦虑

小杨性格内向不敢和其他人交流

小刘的设计方案没通过，很郁闷

看到一群人在一起交流，小宋被吸引过去

小李去味道冥想空间放松

看了电影小杨受到了启发

小刘来到室外观景散心

和大家一起交流讨论，小宋觉得很开心

压力得到释放，小李整理头绪继续准备资料

小杨和朋友们在沙龙空间畅所欲言

小刘重振信息设计方案

果展示

在本次设计中，通过对沈阳千年历史的探寻，我们找到了独属于沈阳的文化脉络，并将其与设计概念结合，形成古与今，历史与工业的独特风格。

沉浸阅读

儿童阅读

展览沙龙

开放阅读

冥想空间

中心庭院

旋转楼梯

大连理工大学

Parlour 城市书房

指导教师：都 伟 陈 岩

小组成员：杨子玉 陈嘉铭 范瑜 金佳和

评委点评

方案中对建筑整体进行改造，建筑形态要结合沈阳莫子山的地域文化，选取一些元素符号进行建筑设计。前期分析很具体、到位，希望在未来方案效果图里能体现针对不同人群的深入设计，尤其是在儿童区域，要结合儿童心理、喜好，在色彩使用上更活泼一些。之后可以在平面构图、色彩使用方面进行更艺术化的表达，进一步完善方案。

作品展示

设计理念

我们想创造一个创造性的学习、交际空间，始终遵循着理想中城市书房应该有的目标和信念，营造出能够创造交流联系、并且包容开放的空间。城市书房不仅是一个储藏和借阅各种资料的场所，更是一个让人愿意驻足停留、社交互动、充满着灵感和惊喜的空间。城市书房的发展方向应该是从书籍到交集，不是一个仅仅提供藏书的地方，而更像是一个能将市民与知识、体验、创新力联系起来的积极、活跃的场所。我们希望通过设计，将书房营造成市民第二个家。

城市书房作为公共建筑设计类型的一种，首要的原则也是最重要的原则就是适用性原则，另一条重要原则是协调性原则，要达到空间功能与形式的协调性、建筑技术与设计艺术的协调性。可持续发展是中国乃至全世界发展面临的共同公共问题。在城市书房的设计上要做到节能、绿色以及生态。

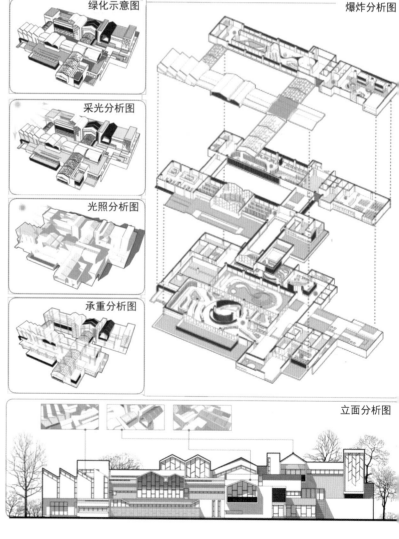

绿化示意图

采光分析图

光照分析图

承重分析图

爆炸分析图

立面分析图

室内空间设计

室内设计以简洁明快的设计风格为主调。简约风格不仅注重空间的实用性，而且还体现出了现代社会生活的精致与个性。

在总体布局上，考虑读者在空间中的阅读体验，主要装修材料以樱桃木为主，并将室外的自然光线、绿植等引入室内，以樱桃木的优美含蓄、混凝土的朴素大方来装布墙曲的景点。

客厅书房

休闲书房

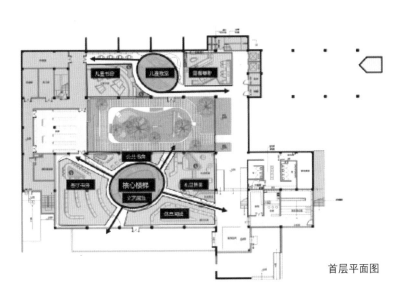

首层平面图

儿童书房

客厅书房：我们在空间的设计中考虑建筑声学和建筑光学对设计的影响，利用自然光线和景观手法营造空间效果。弧形的空间元素与上部的空间元素相呼应，楼梯顺应空间的偏转形成上下层联系。扶手上方的光线作为方向引导。通过视线分析，确定各个区域视觉重点位置，设计之初就将绿植配置在各个空间里，使空间清新充满生机。

休闲书房：原木色的材质和绿植的引入，营造了温馨、舒适的空间氛围。波浪形屋顶为空间提供延展性，并将更多自然光线引入室内，使人在空间中得到精神和身体的放松。

儿童书房：场地中的阅读平台模拟了山脉地形，书架不再单具储藏功能，也能支持动态的玩耍和学习，激发儿童的想象力，提供舒适的阅读空间。有机形态的开放教室，既提供学习交流空间，又可以作为休闲娱乐的活动室。

沈阳建筑大学

时间的礼物——24 小时城市书房

指导教师：冼 宁 曹 水
小组成员：杜杰港 于 辉 谢春
温 晴 徐晓敏 黄吉

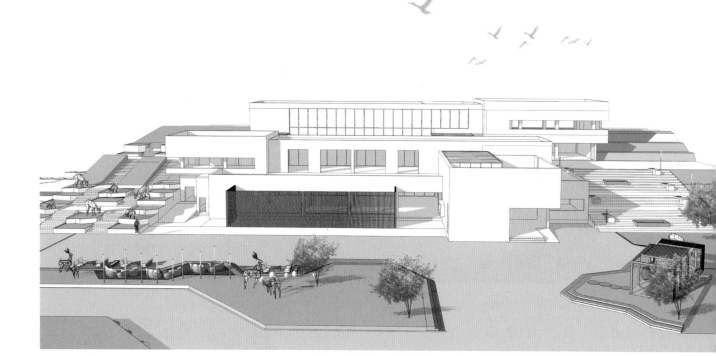

作品展示

设计主题

如今生活节奏快，多少人曾停下匆匆的脚步，去感受阳光照进屋内的温暖，去感受微风拂过带来的花香，去感受夜晚星空闪烁带来的宁静？这座以时间的礼物为主题的城市书房，将会带你们走进最自然、最舒适的空间，慢慢体会时间的变化带给我们的礼物。

设计方案

门厅设计

我们采用了文字穿孔板的设计，使得阳光可以透过板面照射进来。在门厅挑空区域设置了印有沈阳地标性建筑的布帘，微风吹起，微微漂浮。

茶餐厅设计

以鸟巢为设计元素，体现时间的主题。设计中，我们将鸟巢演变成茶餐厅的一个个独立的小空间。夕阳西下，鸟儿归巢休息，人们学习了一天，可以坐在茶餐厅里感受片刻宁静。

儿童阅览区设计

根据儿童身高视觉感受，将空间分为上下两个复合空间；根据动静分离的需求，设置益智和娱乐两个区域，为儿童提供安静的阅读环境和相互交流的环境。

阅览室设计

　　阅览室天花是丝绸感的艺术吊顶，模仿风的吹动。下面书架同样采用这种设计，将风吹动飘带的形态抽象、演变成弧形的曲线，给人以随风而动的视觉感受。

自习室设计

　　自习室屋顶采用光电一体智能天窗，两块玻璃构成夹层空间，使玻璃幕墙具有隔音、隔热、防潮和增加采光度的优点，白天可以自动阻挡紫外线强光的照射。夜晚，读者可以在自习室里把多功能椅子变成躺椅，仰望星空，放松身心。

室内庭院设计

　　改变了传统的大量绿植的模式，以时钟为元素，对整个庭院进行布局，刻度演变成庭院休闲座椅，将指针垂直变成柱子。随着太阳的转动，柱子的投影落在每一个座椅上，可以慢慢感受时间的变化。

电子阅览室设计

　　在设计中更多地关注老年人的使用，有大屏幕的读取显示仪，方便老年人阅读使用。在空间中也安装了许多电子设备，能够查阅更多的文献资料。

户外阅览区设计

沈阳建筑大学

生生不息——基于成长理念的城市书房环境设计

指导教师：杨 淘 吕丹娜
小组成员：沈 栋 高晨秋 张
王丹丹 张羽杰 诸凯

评委点评

　　该组同学具备工程技术的专业背景和艺术设计的专业能力，并在设计方案中得到了充分体现。前期分析首先是对建筑本身进行的分析，其次是 5G 技术时代和移动互联网带来的便利性分析，同时考虑到城市书房要为人服务的需求分析，非常全面深入。提三点建议：一是外立面主入口设计单一，要从材质、色彩上突出标志性和引导性的作用；二是在室内设计中，整体材质和色彩过于清淡，在某些高科技空间中，可以用灯光来表现更多的色彩变化；三是要留一些弹性空间，增强可移动性和多功能性。

作品展示

设计说明

　　图书馆是为人服务的，人的成长分为身体、认知、情感、人际关系、精神成长 5 个方面。在不同的成长阶段有不同的需求。

　　我们将人的需求结合植物成长的 3 个阶段对图书馆进功能行划分，一层破土而出，二层勃勃生长，三层根深叶茂。

　　本书房设计充分考虑了人在空间中的感受与体验，更加注重书房作为一个公众场所的社会性与交互性，与传统的图书馆不同，不再有传统图书馆严肃沉静的感觉，独特的植物元素的运用能给空间带来舒适安逸的感觉，同时明确的动静区域划分确保了阅读功能的正常使用，弧线性的空间分割让空间更加有温馨的气息。

一层空间

　　一层空间的主要设计目标是创造一个强交互性的场所。一层在整个建筑中是流动性最强的空间，满足一部分瞬发性到来的人群的需求，并避免对楼上的阅读人群产生干扰，即不影响楼上人群的阅读体验，从而满足书房读书的功能。

一层大厅

地下室历史文创

一层平面元素提取

破土　　　　　萌芽

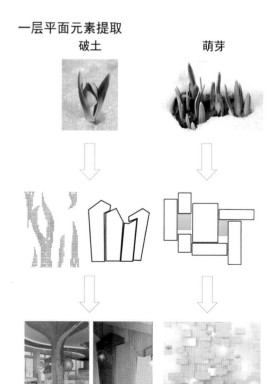

一层亲子阅读

一层茶餐厅

因为图书馆的公益性质、周围高科技环绕和网红公园在侧等环境优势，我们设计了具有多元化功能、能够满足年轻人奇思妙想的创客空间，为想要安静办公、学习人群提供的自习室，让来往游客歇息就餐的茶餐厅，可以让人群拍照玩耍和记录心情的趣味庭院，以及能满足交流活动的大厅和沉浸读数的阅读区，符合当下科技发展的5G体验区。目的是满足不同类型人群的需要，尽最大可能吸引到来人群的兴趣。

二层空间

二层为目的性最强的楼层，来此的人群都具有很强的目的性。无论是阅读还是学习，都需要一个较为安静的环境。二层也是书房的主要功能所在。自习室为整个建筑内功能性最高的区域，设计了太空舱形态的休憩空间，与隔壁的5G体验区的风格相合，使两个功能完全不同的区域产生了视觉上的联系。

二层自习室

二层阅览室

二层数字阅览室

三层创客空间

二层平面元素提取

纵向生长

横向生长

向上生长延申

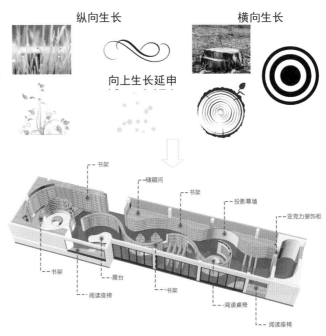

而曲线形的书架排列表现了拾级而上的观点，S形的围合形式增加了空间的私密性，曲线的造型使空间形式更加富有变化，弧形的空间分隔使读书空间不会沉闷，大面积的木色调让空间显得清新自然，既简洁明了又有强烈的视觉冲击感，保证大众阅读体验。

吉林建筑大学

茶余饭后——重塑市井生活中的城市书房

指导教师：苑宏刚　李　乔

小组成员：郭学鹏　刘雪梅　谢庆
　　　　　丁　宇　冯　玥

作品展示

设计说明

　　随着社会的发展，我国正在由"熟人社会"向"陌生人社会"发生结构性转变，出现个体化与原子化的生活形式，过去市井生活中自由、真实、质朴的生活状态逐渐消失。

　　在此背景下，具体分析了城市书房辐射区内的现状。在方案策略上，在满足城市书房功能需求的基础上，通过生活场景化设计和交互装置模块的植入来重新塑造实体社交空间；在空间定义上将书房转化为承载社交功能的公共场所，解决不同群体之间由于身份的差异和年龄的不同所产生的隔阂，满足市民社会参与的需求。

高楼林立的城市格局

一墙之隔的社区形态

人来人往的生活节奏

脱离现实的虚拟世界

设计背景

　　我国传统社会是"熟人社会"，社会关系相对封闭、稳定，社会阶层之间和地域之间的人口流动比较缓慢。现代社会变成了一个开放的、快速流动的"陌生人社会"，削弱了人与人之间的情感维系，形成了相对独立的个体。高楼林立的城市格局、一墙之隔的社区形态以及人来人往的生活节奏造成了人际关系的冷漠，而互联网的出现代替了实体社交空间的地位，在虚拟网络中满足了人与人之间联系性的需求，加剧了现实生活中人际关系的隔阂，加上快节奏的生活模式和生活空间的压迫，形成人与人之间梳离与割裂的城市病。

区位分析

城市书房位于浑南区莫子山单元。该单元主要由高新技术产业和高端住宅构成，并且商业区与莫子山公园二者结合成为莫子山单元的中心区，所以城市书房在地理位置上的优越条件和 1.5km 的核心圈有利于 15min 文化生活圈的构建。

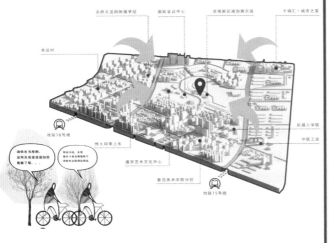

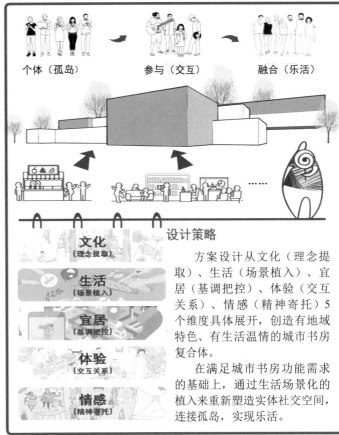

个体（孤岛）　　参与（交互）　　融合（乐活）

文化（理念提取）

生活（场景植入）

宜居（基调把控）

体验（交互关系）

情感（精神寄托）

设计策略

方案设计从文化（理念提取）、生活（场景植入）、宜居（基调把控）、体验（交互关系）、情感（精神寄托）5个维度具体展开，创造有地域特色、有生活温情的城市书房复合体。

在满足城市书房功能需求的基础上，通过生活场景化的植入来重新塑造实体社交空间，连接孤岛，实现乐活。

建筑优化

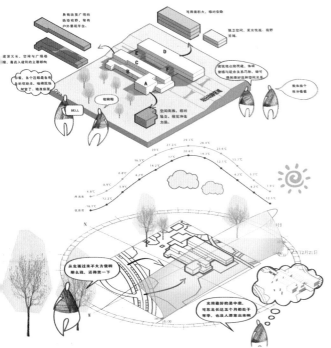

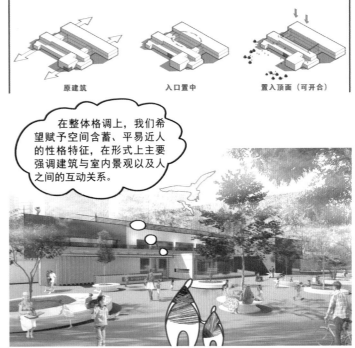

原建筑　　　入口置中　　　置入顶面（可开合）

在整体格调上，我们希望赋予空间含蓄、平易近人的性格特征，在形式上主要强调建筑与室内景观以及人之间的互动关系。

广场设计

　　建筑前广场设计方案提取了生活剧场的概念，试图传达每个人都是生活的主角的理念，希望人们可以卸下生活面具，体验生活的千姿百态，还原本真的自己。

　　在方案表达上，主要将广场分为五大功能区块：林泉之静——活力源泉、镜中之界——映射反差、桃花源境——生活乐所、曲径通幽——闲适自得、盛京艺术——文化之心。

　　在形式表现上，提取了莫子山公园的曲线来柔化建筑体量带给人们视觉上的僵硬感，另一方面是为了呼应整个城市界面与周边环境的关系。

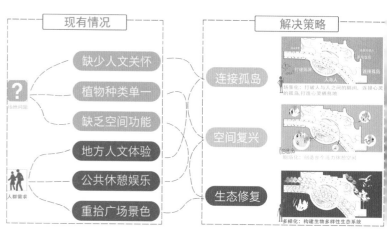

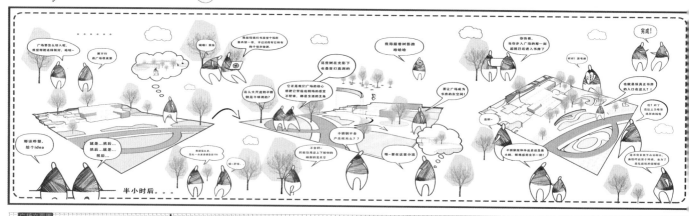

室内设计

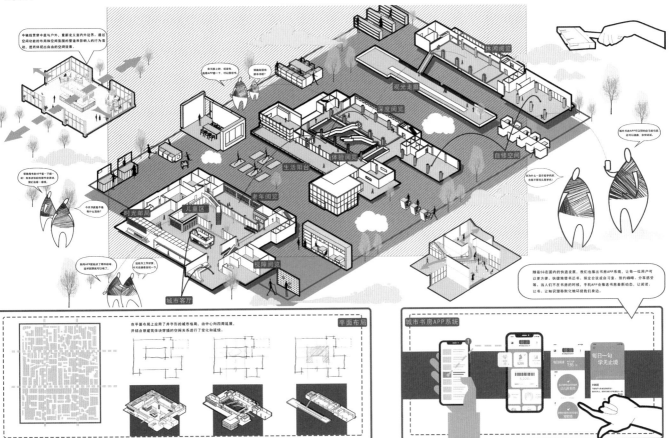

中轴线贯穿中庭与户外，重新定义室内外边界，通过空间创新的布局和空间氛围的营造来影响人的行为活动，进而体现出自由的空间效果。

参与线上的，或线下，扫APP学一下，可以提供书。

随便逛逛书院，学一下，或，和这本院结伴消书的快乐，玩几组来一趟。

今天书院有什么活动？

休闲阅览

观光走廊

深度阅览

自修空间

体验阅览

生活阳台

老年阅览

儿童区

时光邮局

城市书房APP可以获取你的当前状态以及你之前的浏览喜好推荐，或享受益。

城市客厅

观展阅览

我用我的APP提前了两种借阅，这些时间就可以到了。

在这里天天工作累，放松伙伴娱乐逛一下。

添加什么一直在看手机时，在城市书房又看书呀！

随着5G在国内的快速发展，我们也推出书房APP系统，让每一位用户可以更方便，快捷借书还书、预定会议或自习室、预约咖啡、分享感受等。当人们不在书院的时候，手机APP会推送书房最新动态，让阅读、让知识渗透移动化地环绕我们身边。

在平面布局上应用了井字形的城市格局，由中心向四周延展，并结合原建筑体块整缝的空间关系进行了变化和延续。

平面布局

城市书房APP系统

每日一句 学无止境

中庭设计

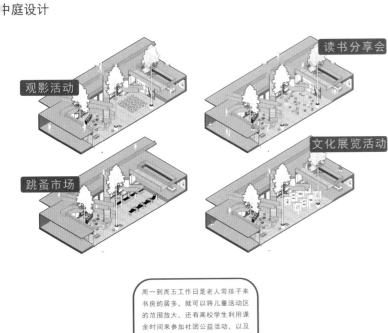

观影活动

读书分享会

文化展览活动

跳蚤市场

周一到周五工作日是老人带孩子来书房的居多，就可以将儿童活动区的范围放大，还有高校学生利用课余时间来参加社团公益活动，以及举办短时间的文化展览活动、跳蚤市场等可能性。

非工作日

特殊节假日

周末非工作日城市书房的受众类型会增多，比如父母会选择周末时间来陪孩子度过，那么中庭设置上就会加大亲子活动的范围，再或者开展读书分享会以及观影活动等等。

工作日

特殊节假日可能会举办联谊活动，增进情感交流等等，还会有更多可能性的发生。

平面图

一层平面图

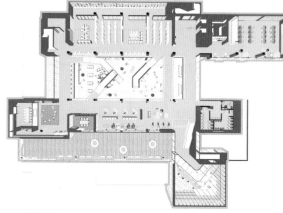

二层平面图

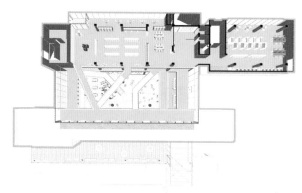

三层平面图

logo 设计

  logo 设计提取了建筑特色——体块关系和耐候钢材质，并结合了书籍、城市样貌和门的形态，这既是为了突出书房的功能属性，又为了强调设计主题——都市生活中也有能够寻求温暖的地方，推开心灵的房门，走出孤岛，满怀热情地去拥抱丰富多彩的生活。

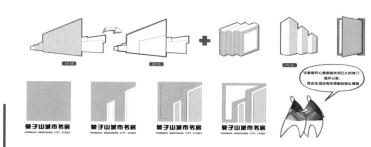

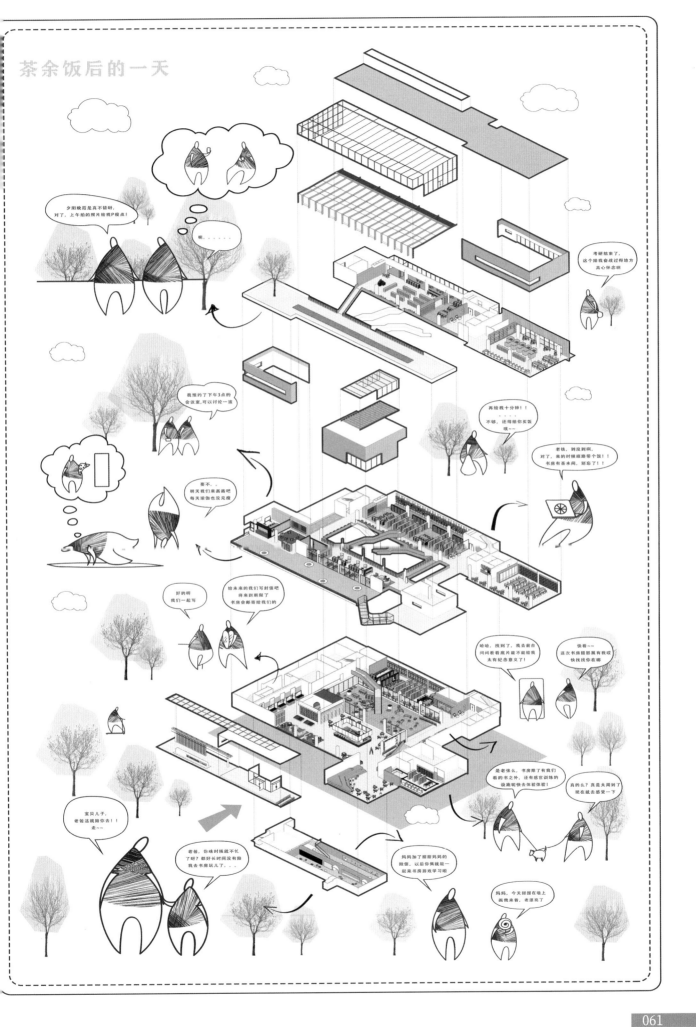

吉林建筑大学

Co-greenbelt——多元共享下的社区阅读空间

指导教师：隋　洋　贾春光
小组成员：袁兆升　唐钰馨　孙灵
　　　　　单朝珍　王佳欣　康沛
　　　　　马铭悦

评委点评

　　该组方案整体分析缜密，在设计说明的专业性和图解的统一性上达到了一定的水平。之后可以在以下三方面进行深入思考：①题目的准确性，关于多元共享的概念要更明确，明确是指多元文化、文化的多元性，还是共享交流手段的多元性，要展示最核心内容；②关于社区问题，要关注社区周边的建筑形态以及人文形态，并与设计行为联系起来；③方案表述中建筑改造、室内空间延伸性等方面不够充实，要加强设计方案的可靠性和可落地性。

作品展示

设计说明

　　针对越来越现代化的城市中越来越淡漠的人际关系，我们将建立人与人之间的情感连接作为我们设计的重点，把交流和共享作为我们城市书房的核心主题。通过打造各种开敞、模糊边界的空间，在保证个空间基本属性基础上，消隐空间之间的明确界限，潜移默化地拉近人们之间的距离；并通过加入民俗文化体验功能和绿色休闲空间，振兴传统文化，营造舒适空间环境，以此促进人们之间情感联系的建立；希望把我们的书房打造成集文化体验、绿色健康为一体，感受城市温度的空间。

总平面图

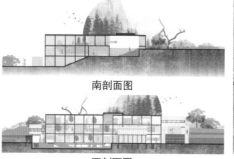
南剖面图

西剖面图

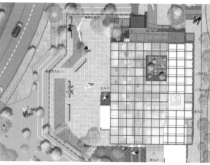
第五立面

室内设计以白色和木质为主要颜色，制造温馨舒适的氛围，搭配绿色植物和景观在空间之中穿插，作为活跃空间的点缀；以阅读空间作为书房空间布局的线索，在每层都设置阅读区，然后分层级搭配加入其他匹配的功能；为了实现共享交流的功能，拉进人们之间的距离，我们将所有功能区之间的界线都做了模糊处理，去掉了大部分隔墙；将屋顶第五立面作为室外公园功能上的延伸，以运动养生、休闲娱乐为主。

室内空间设计

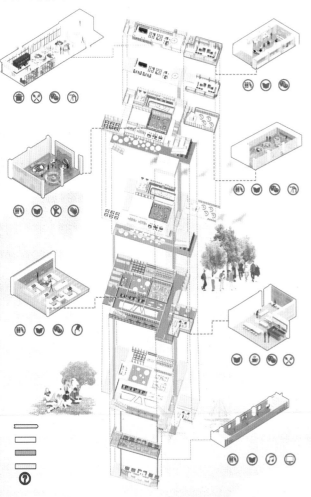

多功能活动学堂

自助餐饮休闲区

考研学习间

咖啡厅

东北大学

时空的叠映——咫尺书房内的大千世界

指导教师：周丽霞　汤常鸣　王 玛
小组成员：张 可　李青霞　贾兆仸

作品展示

设计缘起

现有公共空间大多仅满足了功能方面的需求，但缺失文化内涵，有形式无内容，缺少体验中的惊喜感。针对这一问题，我们提取了传统文化中的一些元素来沉净人们的内心，丰富人的精神世界。

设计说明

园林是古代文人表现自己思想、审美情趣的地方，素有"一石则太华千寻，一勺则江河万里"之称；现代的城市书房也是一个丰富的世界，书中自有黄金屋，书中有千千世界。无论是传统的园林还是当代的城市书房，都是咫尺之地蕴含了丰富的世界。基于二者的相似性，打造整个城市书房的设计中能体现出一种新与旧的对话碰撞，使人在场所与空间的徜徉之中，感受到一种时空折叠的伟力。

中国古典园林建筑整体呈现曲径通幽、起承转合的空间序列，并体现精致的、富于韵律的、多样的诗性空间结构。法古治今，通过空间上的递进和步移景异的设计手法，在有限的用地内创造丰富的空间感受。同时通过现代景观造园的手法体现自然和谐的空间特质，赋予传统空间呈现方式以新的使用体验。

在时空长河中，当下即是历史，过去也是未来。艺术与审美推演最终都从过去寻求答案，越是经过历史长河冲刷而长存的符号就越是有生命力。作为文化的载体，城市书房具有一定深度的文化符号方能体现出在地性的和谐。体现在城市书房空间中，提取了园林中漏景、框景、借景、对景的手法。运用了丰富的隔墙形式来划分空间，同时在隔墙上设计不同的洞口，形成层叠的景深关系，使使用者的视线遮蔽在有限的范围内，以此在空间中感受穿越与停留的戏剧性。

设计过程充分考虑沈阳本地的社会经济水平与搭建技术、建筑材料、室外植被的匹配程度，遵照当地法律法规及行业标准的具体要求，技术策略合理；关注人文特色，发扬传统文化内涵，兼容并蓄，确保传播文明的多样性，旨在构建沈阳新的城市文化名片。

计概念

形成层叠的景深关系，强调了借景与对景的中国园林特征，同时曲折的路径将视线遮蔽在有限的范围内，构成戏剧性的空间叙事形式

无论是传统的园林还是当代的城市书房，都是咫尺之地蕴含了丰富的世界。基于二者的相似性，我们希望整个城市书房的设计中能体现出一种新与旧的对话与碰撞，在场所与空间的徜徉之中能让人感受到一种时空折叠的伟力

- 服务系统
- 互动系统
- 展示系统

- 过去、未来、现在
- 沈阳的故事
- 山水书房空间再利用
- 洞口

- 书中自有黄金屋，书中自有大千世界
- 现代市民的精神世界

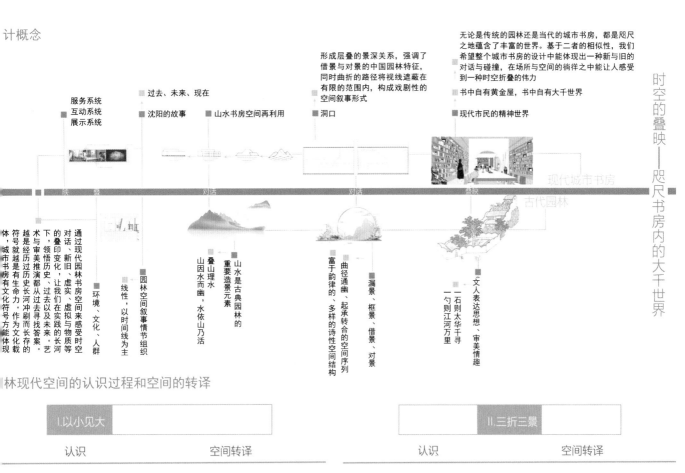

现代城市书房

古代园林

通过现代园林书房空间来感受时空对话、新旧、虚实、虚拟与物质等下的叠印变化，让我们在实践的长河中，领悟历史、过去以及未来。艺术与审美推演都从历史长河冲刷而长存的符号就越是有生命力。作为文化载体，城市书房有文化符号方能体现

- 环境、文化、人群
- 线性，以时间线为主
- 园林空间叙事情节组织
- 叠山理水　山因水而幽，水依山乃活
- 山水是古典园林的重要造景元素
- 富于韵律的、起承转合的、多样的诗性空间结构
- 漏景、框景、借景、对景
- 文人表达思想、审美情趣
- 一石则太华千寻　一勺则江河万里

林现代空间的认识过程和空间的转译

I.以小见大		II.三折三景	
认识	空间转译	认识	空间转译

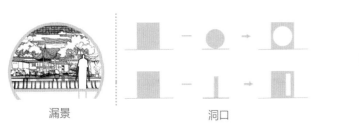

漏景　　　　洞口

间叙事

听觉　　听觉　　触觉

视觉　　视觉　　视觉

听觉

触觉

视觉

以莫子山城市书房为载体，展示并传承沈阳历史文化。通过以视觉为主的展示设计，将沈阳的过去、现在及未来纳入城市书房空间，讲述沈阳的故事。

将每个功能区间的统一信息要素进行连接。空间的连接方式分为直接连接和间接连接。

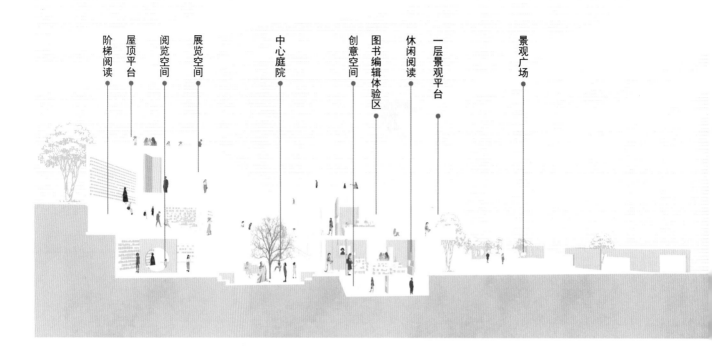

阶梯阅读　屋顶平台　阅览空间　展览空间　中心庭院　创意空间　图书编辑体验区　休闲阅读　一层景观平台　景观广场

时空相叠映，"叠"指向环境折叠，向文化折叠，向使用人群折叠；"映"指将新技术手段融入进城市书房，实现新与旧的对话。

传统文化具体运用到空间中，将古典园林中漏景的手法简化为在墙体设置洞口的形式，丰富使用者的视线体验。

大家说园子要有一个故事，要有一个好的故事。因此想要在城市书房内也展现属于沈阳自己的故事。以线性组织的方式来进行空间叙事情节的设计，以时间为序，叙述新中国成立前沈阳的历史，并展现改革开放40多年来沈阳的成就与变化。

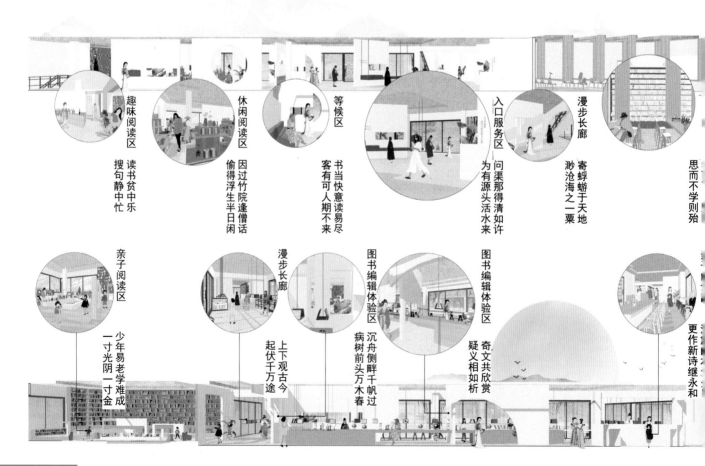

趣味阅读区　读书贫中乐　搜句静中忙

休闲阅读区　因过竹院逢僧话　偷得浮生半日闲

等候区　书当快意读易尽　客有可人期不来

入口服务区　问渠那得清如许　为有源头活水来

漫步长廊　寄蜉蝣于天地　渺沧海之一粟

思而不学则殆

亲子阅读区　少年易老学难成　一寸光阴一寸金

漫步长廊　上下观古今　起伏千万途

图书编辑体验区　沉舟侧畔千帆过　病树前头万木春

图书编辑体验区　奇文共欣赏　疑义相如析

更作新诗继永和

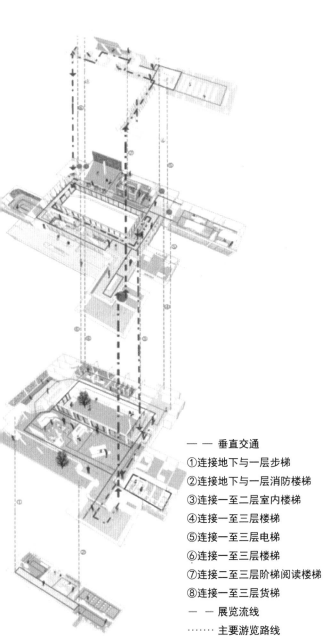

—— 垂直交通
①连接地下与一层步梯
②连接地下与一层消防楼梯
③连接一至二层室内楼梯
④连接一至三层楼梯
⑤连接一至三层电梯
⑥连接一至三层楼梯
⑦连接二至三层阶梯阅读楼梯
⑧连接一至三层货梯
— — 展览流线
……… 主要游览路线
—— 空间使用路线

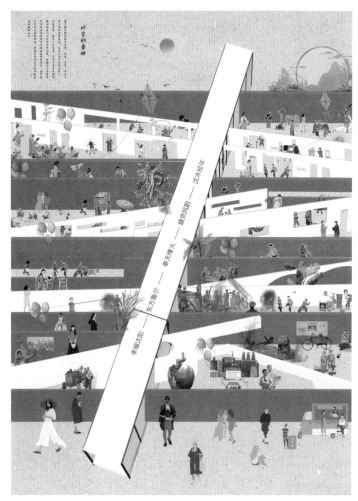

展览空间

展览空间

阅览空间

共享空间

展览空间

阅览空间

附属空间

东北大学

一树百获——文化与自然协同中的莫子山城市书房设计

小组成员：朱永旭 吴瑜洁 于耀

评委点评

设计是不断成熟和完善的过程，东北大学的这个方案将"一树百获"这个概念贯穿整个设计，用不同形式和表达方式丰富了读者体验，这种对空间和概念的理解非常可贵。之后可以在功能转化方面做一些深化，比如在功能转换的空间节点上如何吸引读者进入，在功能设定上定义要宽泛，要形成空间的自然变换和主动引导，而不是靠功能定义来限定。

"一树百获"是文化和自然的协同，十年树木，百年树人，设计过程中要考虑未来的建筑师和使用者如何看待我们现在做的城市书房设计，我们的设计为未来做了什么样的贡献。

作品展示

设计说明

本设计的项目地点位于辽宁省沈阳市莫子山体育公园西门南侧，西邻莫园环路，东侧为莫子山公园。该建筑是座地上三层，地下一层的现代风格建筑，用地面积 8698m²，总建筑面积 4467m²，其中地上 4104m²，地下面积 363m²。

设计的主题是一树百获，这个词原意为一次栽培就能有百倍收益，形容培植人才能长期获益。在确定设计主题时，我们对图书馆主要的使用者——人进行了分析。人的一生是一个不断积累、不断成长的过程，而人具有热爱自然、热爱森林的特点。自然界中的树，成长的过程与人类似，也是经历从积累到萌芽，再到成长成熟的过程。

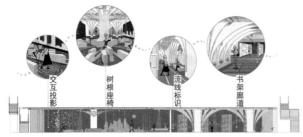

交互投影　树根座椅　流线标识　书架廊道

负一层剖面节点图

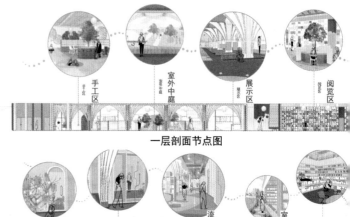

手工区　室外中庭　展示区　阅览区

一层剖面节点图

电子阅读屏幕　植物标识　蔬菜标识　树冠棚顶　亲子阅读

二层剖面节点图

留言树　会议区　流线标识　室外阳台　自习区

三层剖面节点图

068

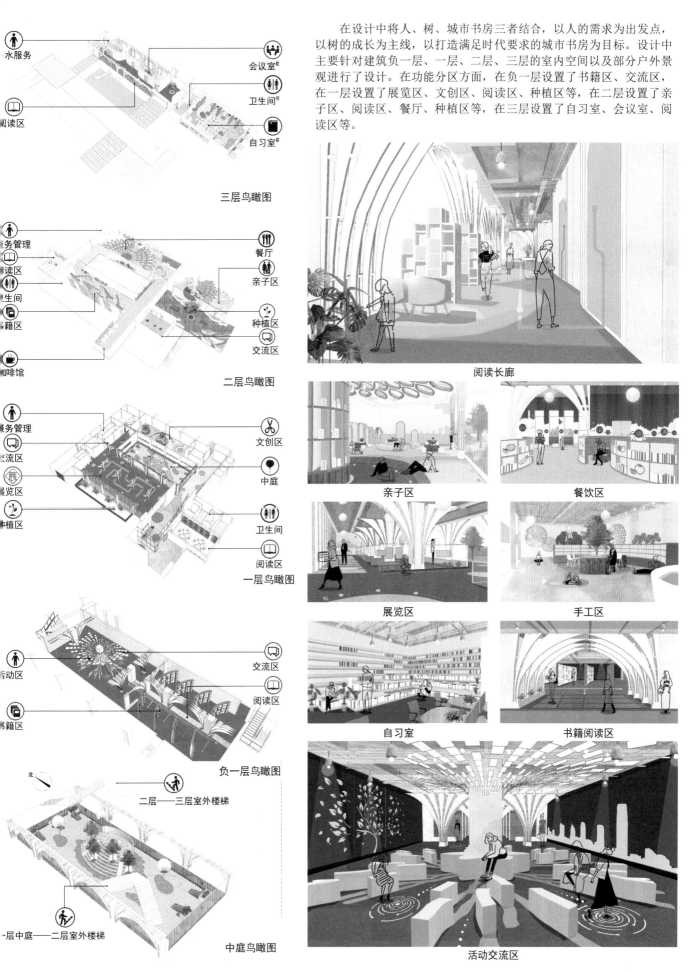

功能分析图

给水服务

会议室

阅读区

卫生间

自习室

三层鸟瞰图

服务管理

餐厅

阅读区

亲子区

卫生间

种植区

书籍区

交流区

咖啡馆

二层鸟瞰图

服务管理

文创区

交流区

中庭

展览区

卫生间

种植区

阅读区

一层鸟瞰图

活动区

交流区

阅读区

书籍区

负一层鸟瞰图

北

二层——三层室外楼梯

一层中庭——二层室外楼梯

中庭鸟瞰图

在设计中将人、树、城市书房三者结合，以人的需求为出发点，以树的成长为主线，以打造满足时代要求的城市书房为目标。设计中主要针对建筑负一层、一层、二层、三层的室内空间以及部分户外景观进行了设计。在功能分区方面，在负一层设置了书籍区、交流区，在一层设置了展览区、文创区、阅读区、种植区等，在二层设置了亲子区、阅读区、餐厅、种植区等，在三层设置了自习室、会议室、阅读区等。

阅读长廊

亲子区

餐饮区

展览区

手工区

自习室

书籍阅读区

活动交流区

内蒙古工业大学

工业意象·城市记忆——
沈阳莫子山城市书房设计

指导教师：莫日根　田　华　梁宇
小组成员：焦天娇　郝　婷　王
　　　　　常海豹

作品展示

景观设计

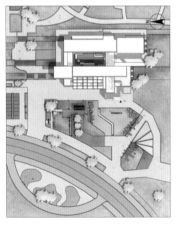

利用景观鼓励交流和互动

根据基地形状进行初步道路规划

在道路的规划的基础上划分空间功能

细分空间功能，满足停车、交流、游览、展览等功能需求

置入混凝土材质的岸石及基础设施

强调空间和人行流线的划分，鼓励交流

建筑设计

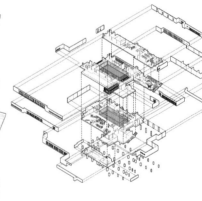

建筑剖透视图

原始空间　　　轴线定位　　　道路规划　　　墙体分割　　　阶梯装置　　　置入展架

要室内空间设计

创售卖、阅读区

历史文化长廊

咖啡厅　　　　　　　　　中庭

无障碍阅读区

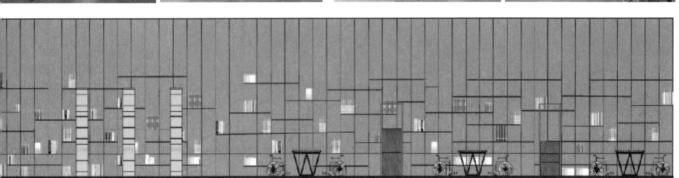

立面图

人阅读区

儿童阅读区

蓝色玻璃砖

亚克力柱

穿戴式 VR 设备

灰色地毯

演讲　　　阅读　　临时会议　　交流　　　展览　　　思考

阅读互动　　　玩耍　　　交流互动　　　阅读

子阅读区　　　　　较私密阅读区　　　　24h 自习室　　　　交流空间

内蒙古工业大学

青络——与自然交融的城市书房设计

指导教师：莫日根　梁宇佳　田
小组成员：徐江东　孙明泽　苏文
王佳慧

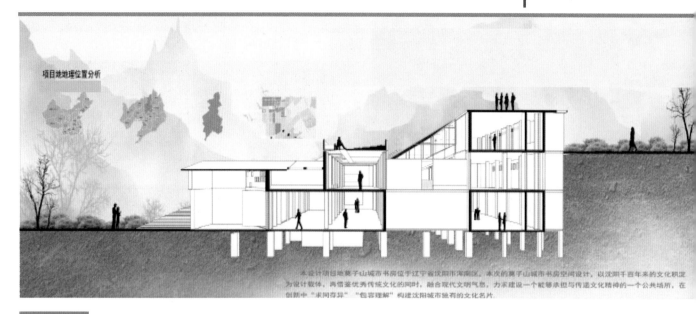

项目地地理位置分析

本设计项目地莫子山城市书房位于辽宁省沈阳市浑南区。本次的莫子山城市书房空间设计，以沈阳千百年来的文化积淀为设计载体，再借鉴优秀传统文化的同时，融合现代文明气息，力求建设一个能够承担与传递文化精神的一个公共场所，在创新中"求同存异""包容理解"构建沈阳城市独有的文化名片。

评委点评

　　方案总体较完整，给人的印象深刻，前期的区位分析、资源配置、人群定位都很全面，且设计中引入地域文化，包括沈阳本地清代之前的传统文化以及新中国成立之后的相关工业元素，思维发散很有特色。可以进一步完善的地方有：①要将前期调研分析结果应用到最终的解决方案中，为整个设计服务；②好的设计中对好的想法要有所取舍，强化核心逻辑；③要进一步研究将文化符号运用到室内设计中，需要将传统符号处理转译；④方案突出绿色可持续的理念，但在设计中的结合方式有限，需要再深入。

作品展示

设计说明

　　青，意指自然环境，代表花草林叶；络，就是一种纽带，和空间的交错；青络，代表着城市书房和公园之间相互交融，把自然的事物转化为设计元素，让自然的事物像植物脉络一样重新覆盖和生长进这个建筑里，让建筑重新焕发生机。青络一词也代表着我们希望让自然以一种较为自由的方式延伸在建筑之中，这既是一个设计过程，也是一个设计目标。

　　在继承沈阳优秀传统文化的同时，加入绿色可持续的发展理念，打造绿色建筑。将自然、建筑、网络、人与书之间的关系紧密结合，打造能够提高群众生活质量，营造具有地域氛围，在创新中求同存异的"城市书房"。

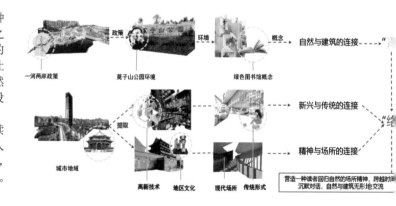

景观设计

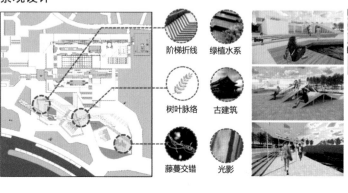

阶梯折线　绿植水系
树叶脉络　古建筑
藤蔓交错　光影

　　从马路向建筑进发的过程中，最外层和建筑周边放置了树木与低矮灌木，外层用以和马路分隔，形成一个景观性的分界线，使得视野开阔化。

　　景观廊道的休息装置中，以折线为主，多以材质与线条来塑造体态，模拟植物密而不重的感觉，将空间分隔和连接性共同体现营造。

　　在广场与建筑交界处，用小景观节点连接室内与室外，室外的景观又为大景，作为过渡性的景观节点，同时通过物雕塑形成独立小景。

建筑外观设计

将围栏格栅换成阳光房，加长入光路线，可以根据季节不同选择开放方式。三角形庭院铺设三种材质与广场呼应。

地下入口设置成三角形，营造从开阔处向内部进入的进深感，与侧面的楼梯一上一下，收缩入口的同时增加了开阔感。

加设斜面屋顶，与树木结合成为一个小景，利用顶部的开洞进行内外视线分隔，同时利用光影达到借景效果。

根据建筑原有的形态和内部空间的布置，我们在原来出入口的基础上将其进行了适当的扩大，延伸出入口的边界，扩大其空间界限。在建筑一层部分，设置了"三角形"的拱形门洞，该门洞在丰富建筑外观的同时增加通往地下一层的出入口，优化了建筑底层的空间流线，拱形门洞突出的部分加盖玻璃房，起到扩大室内空间以及强化整个建筑视觉完整性的作用。

建筑室内设计

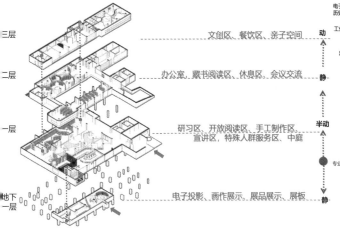

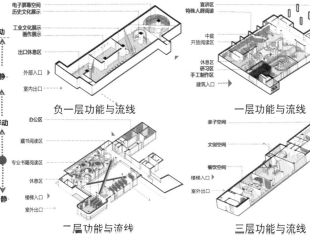

一层室内空间设计

一层为进入建筑的首要空间，在设计时，将人流强度较大的功能区放置在此，包括开放阅读区、手工创作区、宣讲区、研习区、特殊人群阅读区以及中庭。

二层室内空间设计

藏书阅读区以纸质书籍为主，将动静关系一分为二，分布于二层东西两侧。在南侧靠近入口处设置了一个小引导服务台，北侧设计了一个小景观，形成了一个相对一层较短的借景视线。

三层室内空间设计

餐饮区在结构上继承了原有的横线空间，但在框架上设计成拱形门洞用以区分空间和增加空间的连续性。在餐饮区与儿童区之间设置了文创区，方便观众离开时购买一些纪念品与文创产品，可以增加城市书房的盈利。

负一层室内空间设计

负一层将整个空间作为展览展示空间使用，将沈阳地区发展历程中的重要节点按照时间顺序进行排列。在空间划分上以墙体分割为主，营造出空间交错感，并形成了一条完整的流线，用以满足多种展示需求。

设计总结

要想将设计与方案进行良好的融合，则需要充分调动主观能动性，立足于沈阳本土文化，从整体性的角度出发，提取当地文化元素，充分了解当地居民对城市书房的期盼与所想，从而打造出符合当地居民所需要的城市书房。从整体角度而言，整体考量项目方案的建筑体量以及室内的空间特点，进行合理且详细的功能规划，且在结合设计主题的基础上将空间功能的划分统筹推进，将其打造为具有地方标志性的城市建筑。从建筑室内设计的角度而言，依旧需要立足于整体方案，结合室外空间的设计特点，对景观节点的元素进行适当的提炼或抽象化，将其引入室内空间布局，从而使得室内外空间更加和谐统一。

此次沈阳莫子山城市书房设计主要是致力于打造具有现代艺术设计风格的阅读空间，在为人们提供别致阅读体验的同时，满足人们休闲、交流、展览及互动的基本功能需求，人工智能技术的加入为读者提供了阅读上的便捷，多功能空间的打造将"一室多用"推向了高潮，为沈阳全民阅读工程的全面推动奠定了良好的基础。

大连工业大学

白奉天——沈阳莫子山城市书房
室内外设计

指导教师：刘利剑 刘 云 于
小组成员：杨梓楠 高东升 张研

作品展示

模块化设计

移动　　　　　隐藏　　　　　　　　变化　　　　　　　　拼拆

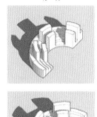

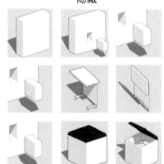

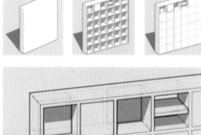
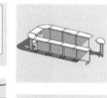

设计说明

整个设计以白贲美学作为理论基础，提取沈阳文化"井"字形大街、文溯阁的屋檐样式进行空间设计。综合考虑到读者行为需求，因此进行智能化、模块化家具，嵌入式电子设备的设计，使整个空间具有趣味性、多样性，空间整洁、规整、合一，即"万物归无，无中生有"。

隐藏　　　　　　　变化　　　　　　　拼拆

计分析

能设计

建筑主要分为休闲交流区、多媒体互动区、多功能活动区、阅读区、员工办公区、卫生间六大区域，其中面积最大的是休闲交流区，可以满足阅读、学习、聊天、简餐等需求。

案分析

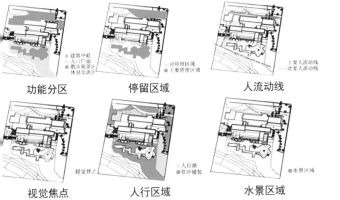

功能分区　　　　停留区域　　　　人流动线

视觉焦点　　　　人行区域　　　　水景区域

模块隐藏

嵌入式设备

要植被

松　　　　银杏　　　　竹

主要材质

浅木　　　花岗石　　　棉、麻　　　白色理石　　　绢丝　　　石膏板

效果图

一层阅读空间

一层休闲简餐空间

一层中庭

一层文创空间

一层室外休闲空间

二层交流空间　　　　二层茶空间

二层卫生间

大连工业大学

与家——沈阳莫子山城市书房设计

指导教师：刘利剑 刘 云 于
小组成员：郝金玉 张 驰 高颖
任春霖

评委点评

城市书房是一个比较新颖的空间，建筑面积较大，同学们根据题目展开丰富的联想，关注个人、关注生活，这是比较好的一个角度。方案对设计前沿技术等有比较全面的深入分析；在设计方式方面，利用红砖区阐述城市记忆、色彩、动静关系等，但对"与家"这个设计概念的诠释不够深入，对人与人的关系、公共性与私密性的关系等考虑不够充分。另外，从目前的城市环境发展来看，公共场所在逐渐消失，很多公共空间都在强调空间里的人际交往需求，设计中虽然提出了概念，但对设计和功能的定义比较模糊，方案想要满足所有人的需求，但忽略了人在空间中的沉浸式体验。

作品展示

设计说明

城市书房和家都具备24小时开放，有包容性、私密性以及以人的需求为着力点的特征。这就要求我们打造一个空间多变，行为方式多变，适应不同人群的空间。而在另一个层面上，书房是知识富集的场所，也可以看做是人在精神上的一种归宿，甚至可以作为城市人精神上的家。所以打造一个开放健康的城市精神文明场所也是我们的目的。

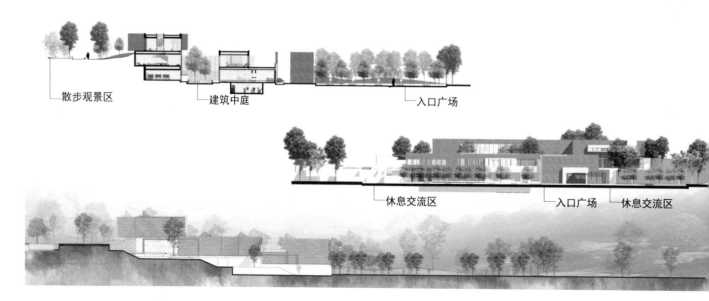

散步观景区　　建筑中庭　　入口广场

休息交流区　　入口广场　　休息交流区

于空间多元化的内置物设计

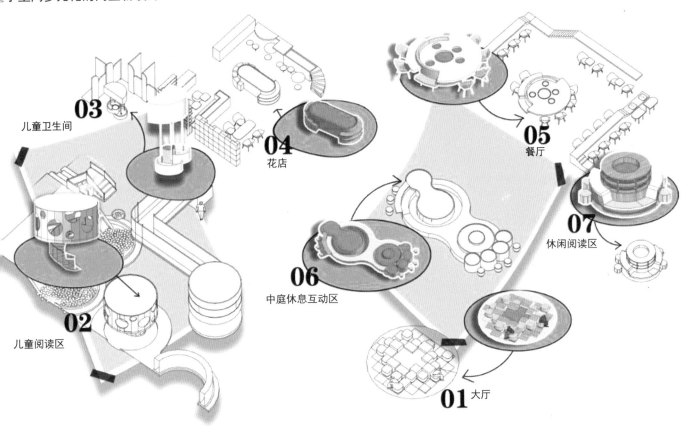

03 儿童卫生间

04 花店

05 餐厅

07 休闲阅读区

06 中庭休息互动区

02 儿童阅读区

01 大厅

智能阅读

智能书架

官员工作站

安全门

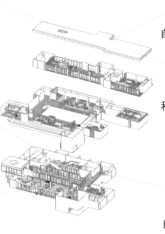

自助借还机

移动还书箱

自助办证机

休息大厅

　　此空间位于一层入口处的位置，奠定了整个一层空间的基调。我们较多地运用了黄色，以便使使用者们情绪活跃。大厅中间设置了一个艺术装置，使用者可以互动，也可以在其上进行休息和交流。

主入口

休息大厅

儿童区

东北师范大学

时间不止 空间共生——沈阳莫子山城市书房设计

指导教师：刘学文 刘治龙

小组成员：赵腾达 李艳 杨娅

作品展示

主图概念

　　当代生态美学的基本特征体现为共生，就是主张人与自然共生、建筑与自然环境共生，互相为依托的生存，互为促进的相生、相长，就是人与自然的互相尊重。本次设计以时间、空间为切入点，通过对空间的调整，使人们在城市书房中也能更加直观地感受时间的变换，从而营造出一个多维度、沉浸式、轻松感、现代化的城市书房新体验，因此我们题为"时间不止，空间共生"。

文化背景

沈阳故宫	东北大鼓	关式皮影戏	满族剪纸
唐派京剧	五谷画	五谷画	羽毛画

主题呈现

建筑中的时间与空间

封闭　　开放　　室外（夏）　　室内（冬）

　　通过墙体的拆分，把空间打开，使场地更加开放、融汇、贯通。利用机械玻璃顶装置，实现不同时刻室内外的灵活切换，在室内感受四季的变化。

结构优化

原始结构调整——开放，模糊界限，室内外空间之间更加融会贯通。

空间氛围营造——多元，借助理想的、舒适的媒介和环境带动读者。

优化阅读体验——沉浸，多维度、多感官，更加放松、自由的阅读体验

改造前　　打开墙体　　改造后　　空间融合串联　　空间活跃度

材质运用

实木复合地板　　橡木　　木栅板　　凯珊墙　　干挂石材　　文化石　　混凝土石板　　石材瓷砖　　混凝土　　人造草皮

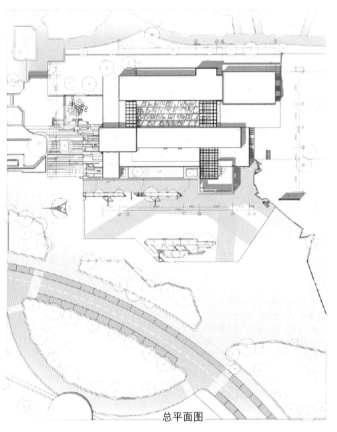

总平面图

F2 平面图   F3 平面图

B1 平面图   F1 平面图

人与人之间的交流，文化之间的碰撞与传播，更会加深人们的文化认知，所以我们所做的空间既相互贯通，又更加开放。首先我们去模糊室内与室外的空间界限，使室内外更加融会贯通。此外，我们希望能将一些活动引入到这个城市书房中，人们能参与进来。

城市书房的设计用更加合适的方式来把概念落实，实现人与空间的舒适关系，丰富空间的节奏变化和功能，转换思维来思考城市发展、空间交往、未来文化新概念，关注人的文化需求。

城市书房中的人流动线是经过巧妙安排的，人们顺着具体的空间形态进入到空间中来，所体现出的是人与物之间，人与人之间的交流，会发生其功能之上更多的可能。如何将其功能合理地串联起来，引导读者的行为，在空间流动中显得尤为重要。

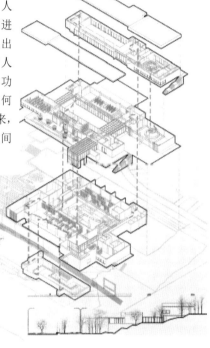

识设计

果图

东北师范大学

自然·活力·柔和·艺术——
沈阳莫子山城市书房设计

指导教师：刘学文　刘治龙
小组成员：吕雪晖　周子妍　王子邦

作品展示

设计说明

我们的方案在书房阅读的功能之上，提供了一个非传统阅读空间，以各种自然穿插组成的自然书房作为最活跃的焦点，营造在森林般自然轻松的阅读氛围，同时形成书房独特的建筑形象，成为一个个性鲜明、充满趣味的环境。设计生态、艺术、可持续发展的自然建筑。

景观设计

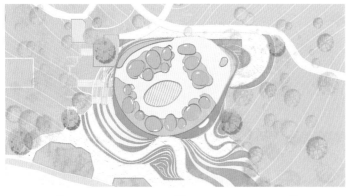

景观延续自然生态书房的构想，利用周围公园的景观肌理，让城市书房与自然共生互动。景观以开放且融合的姿态，与建筑对话。因此，W造型的富有动感的飘带式景观设计，意图在于使景观成为建筑的延伸，从而营造宜人的绿色空间。

建筑形式生成

建筑结构变化

一层		

二层		

三层		

建筑分析

玻璃体块　　　　楼板体块　　　　屋顶体块

一层中空　　　　二层中空　　　　三层中空

树洞结构　　　　楼板结构　　　　建筑动线

一层作为开放空间，楼台作为室内外过渡空间。二层主要是阅读空间和自习室，单纯想阅读的人们可以直接从外置的坡道进入二层。三层设有与二层连接的垂直空间，以及咖啡区、电子书吧儿童阅览区等。屋顶花园设有胶囊静习室。

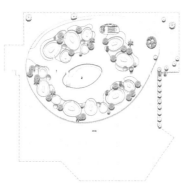

四层平面图

· 胶囊静习室
· 中庭空间

三层平面图

· 咨询台 　　　· 儿童阅览区
· 电子书吧 　　· 卫生间
· 咖啡休息区 　· 起云台

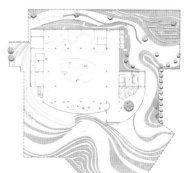

二层平面图

· 咨询台 　　　· 品雅书屋
· 汀兰小榭 　　· 卫生间
· 修书屋 　　　· 多景台
· 小书阁

一层平面图

· 入口 　　　　· 景观阶梯
· 前台 　　　　· 艺术策展中心
· 存包处 　　　· 卫生间
· 自由空间 　　· 向导台
· 办公管理处

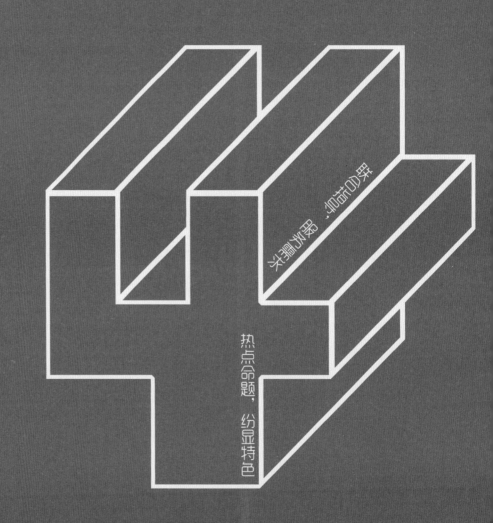

热点命题，纷显特色

知识拓展，多元延长

华北区作品

天津大学

洛阳应天门城门博物馆室内空间环境设计

指导教师：王晶
小组成员：杨云歌　陈薇薇

概念生成

评委点评

　　作品创意大胆新颖，强化时空穿越效果，突出"现代与历史的对话"这一设计主题。建筑室内丰富的隋唐建筑色彩、纹样、细节构造的"具象化"处理与现代造型的材料、质感、与技术的"抽象"形态相结合，对比中求统一，冲突中求平衡，实现了传统与现代、虚拟与现实的同存。展览动线设计活泼灵动，摆脱了传统静态单一的展陈设计手法，利用多媒体投影和VR等技术，动静相宜，视觉、听觉与触觉结合的沉浸式展陈体验，拓展和延伸了传统意义上博览空间的概念。建议深入研究多媒体虚拟空间所在区域空间材质与投影、动态屏、LED、激光技术的结合利用，适当弱化、柔化传统与现代时空转化的生硬交接，例如用照明光幕、烟幕、水幕技术和反射、镜像影衬手段和镜面玻璃或不锈钢材料营造虚幻的氛围，达到两个空间的交融与自然过渡。

作品展示

文化背景

博物馆调研

展品

空间氛围

数字媒体

设计说明

　　本设计希望打破传统历史类博物馆设计千篇一律的被动接受信息的展览形式，利用数字媒体等先进技术，以有趣、多元、互动的沉浸式体验感染参观者。设计将空间划分为两部分：浓厚隋唐风格的古代空间与极简风格的现代空间，故意制造冲突性。两部分空间色彩、风格对比鲜明，在视觉上达到强烈的戏剧性效果。这两个空间形成一个无形的界面，使参观者在一虚一实的古今空间中穿梭，构建了真实而迷幻的空间效应，使人感觉在现实与隋唐之间穿越，梦回大唐。

场地特点

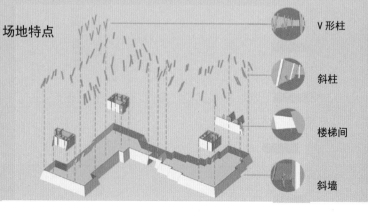

V 形柱

斜柱

楼梯间

斜墙

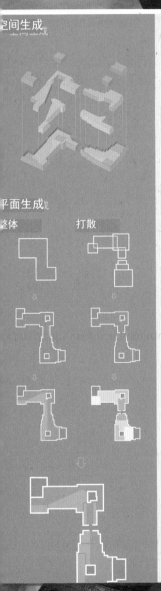

空间生成

平面生成

整体　　　打散

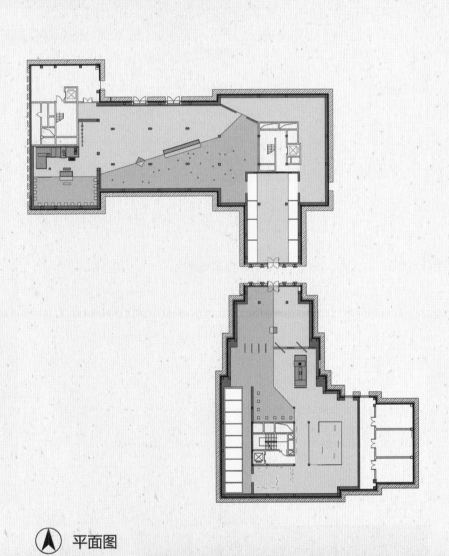

🔺 平面图

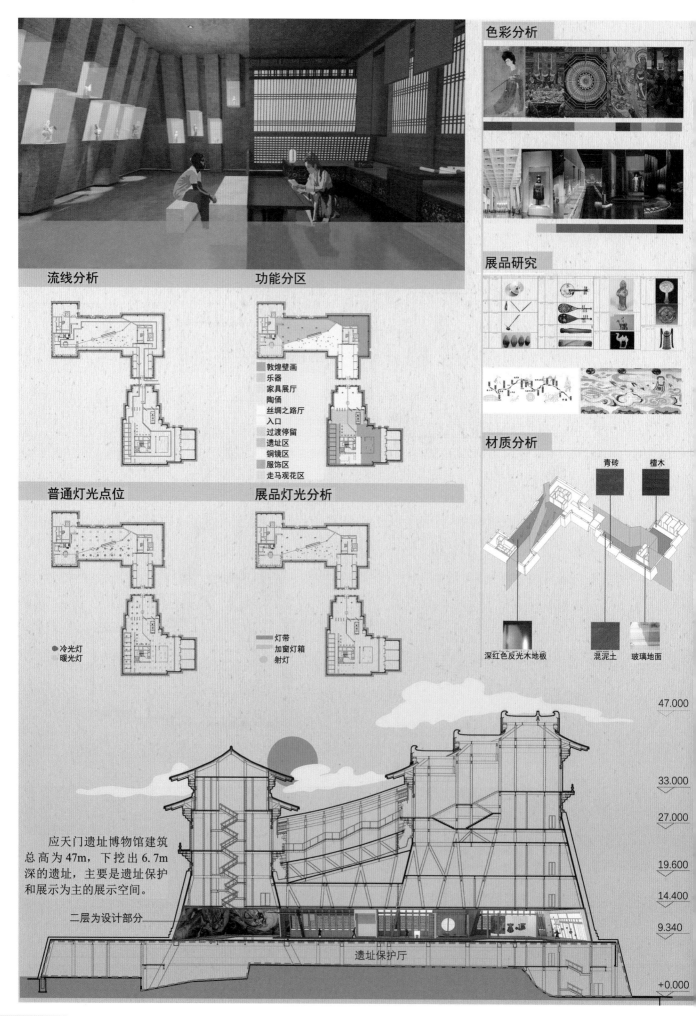

色彩分析

展品研究

材质分析

青砖　檀木

深红色反光木地板　混泥土　玻璃地面

流线分析

功能分区

敦煌壁画
乐器
家具展厅
陶俑
丝绸之路厅
入口
过渡停留
遗址区
铜镜区
服饰区
走马观花区

普通灯光点位

展品灯光分析

●冷光灯
　暖光灯

灯带
加窗灯箱
射灯

47.000

33.000

27.000

19.600

14.400

9.340

　　应天门遗址博物馆建筑
总高为 47m，下挖出 6.7m
深的遗址，主要是遗址保护
和展示为主的展示空间。

二层为设计部分

遗址保护厅

+0.000

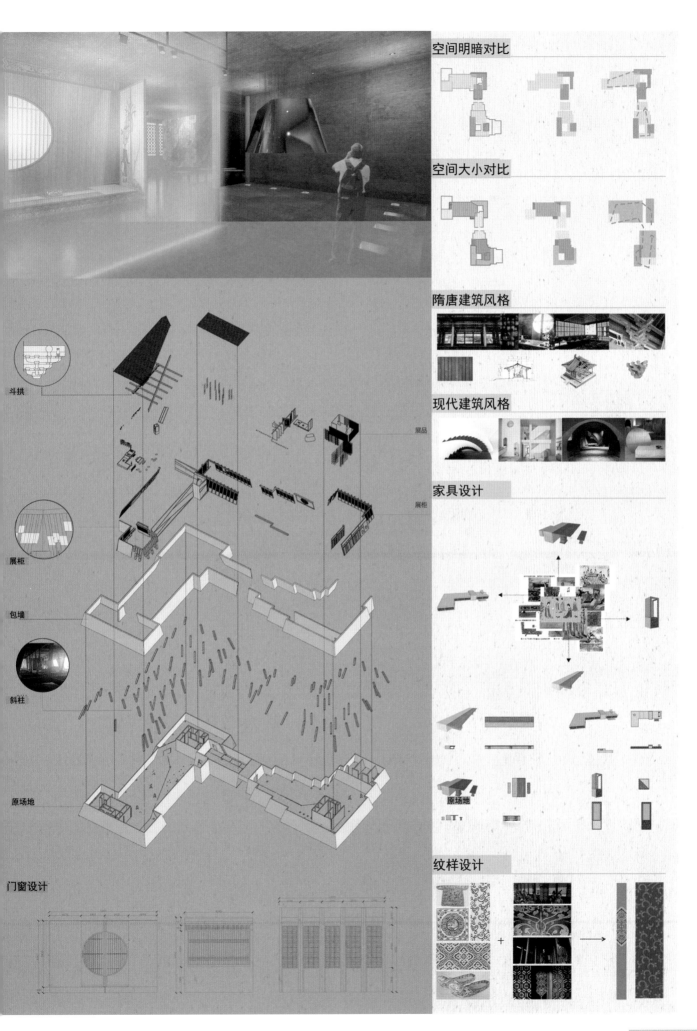

空间明暗对比

空间大小对比

隋唐建筑风格

现代建筑风格

家具设计

原场地

纹样设计

斗拱

展柜

包墙

斜柱

原场地

门窗设计

展品

展柜

入口

入口处对半分的空间给参观者强烈的视觉冲击，同时用两扇门进行遮挡让参观者产生好奇心。

过渡空间

延续入口处的展陈形式，直线引导参观者浏览。

整个展厅最好的一部分，用幻灯片的形式放映整个展厅的文化及背景加深参观者印象。

走马观花

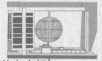

休息空间

G H L K M I J

遗址区

迎合狭窄空间，营造出历史氛围。同时利用场地地面玻璃的特点，保留局部玻璃地面可以看见首层遗址部分，加深遗址空间的氛围。

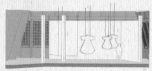

服饰展

以唐朝服饰作为设计，将衣物每个阶段按浏览路线进行排布，最后呈现出唐朝服饰。

铜镜展

打破传统的展陈形式，用透明丝线将铜镜挂在空中，和铜镜本身缥缈的感觉呼应，同时引入数字媒体技术和参观者进行互动

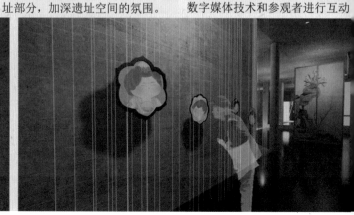

家具区

家具展，同时
停留休息空间。

乐器区

拨动琴弦
发出乐器声音，
触动开关戴上
耳机欣赏音乐。

敦煌壁画

结合此空间狭窄的特点，
利用数字媒体的手段，创造
出无边界的空间。

陶俑区

陶俑展，利用场
地结构和展柜结合，
呈现出更新的展陈形
式。

丝绸之路

地上描绘丝绸
之路的重要节点，
触控地面的节点开
关墙上呈现出对应
的内容。

入口

入　口
简介区，
古今结合
的风格营
造出魔幻
主义风格。

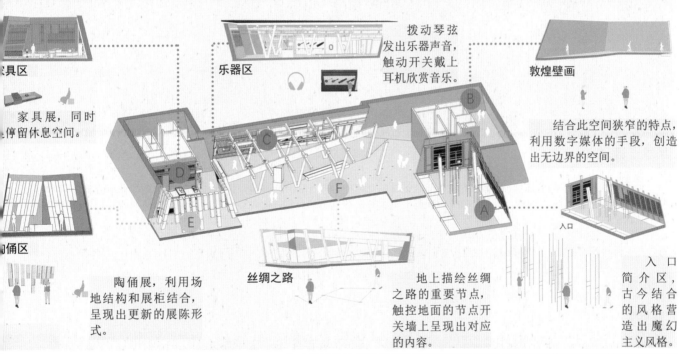

导师寄语

　　设计题目很有特点，同时也很有难度。面对设计范围的空间特质（空间很小且有斜墙和 V 形柱），如何通过设计弱化并处理好这样的异型空间？如何在面积较小的室内做出流线清晰且体验丰富的空间？面对历史，又能放眼未来，如何古今对话？面对挑战，这两名同学出色地完成了设计。方案基于设计原点，反映设计逻辑，将建筑空间精神、空间特质作为设计的起点，体现了天津大学建筑学院教学中一直强调和坚持的内容。同时，同学们戏剧性、大胆的空间处理想法、从始至终的坚持并实质性的落实，这种勇于创新同时务实的精神非常难得。希望毕业后的你们依然秉承初心，前程似锦。

天津大学

维纳斯酒店设计——塞浦路斯利马索尔大区酒店及艺术中心设计

指导教师：王　晶

小组成员：陈智琳　谢春旭

评委点评

　　维纳斯酒店设计切题准确，对地形条件、气候条件以及客户群的行为分析准确，采用的分散式布局，布局合理，切实可行，非常值得肯定。创意新颖，如同面向大海的纯洁圣地，是纯洁人心中的柏拉图式的纯爱之境。初期对场地、情景、设计和构想有非常富于趣味性的布局和安排。设计表现为方正的平行线与直线条，纯白色为主体，对材质与肌理的体现略少，设计语言稍显平淡。

　　在设计完成度方面，建筑规划、单体设计、室内及艺术品均有比较全面的设计思考和设计表现，对于大堂、公艺区、客房、画廊等都有所设计，功能上基本满足，但是欠缺对景观与酒店视觉系统的考虑。

作品展示

设计说明

　　项目所在地为塞浦路斯南岛的碧苏里湾，距离爱神诞生地 5km，是典型的地中海气候，海景资源极佳。酒店定位为爱的主题的经济型艺术度假酒店。目标人群为青年艺术家、年轻情侣、潜水爱好者等。设计内容包括场地规划设计、建筑单体设计、室内设计和局部景观设计。

　　首先，在场地规划设计和景观上尽可能减少对自然环境的破坏和人工化景观，最大化利用极佳的海景资源，我们采用了分散式布局并且经过计算和视线分析得出 4 排客房布置间距，以保证每个客房都能看到海景。同时，建筑全部正面朝向大海，使客人享受到最优质的海景。

　　其次，在建筑设计上融入了我们对爱的理解——神圣、 纯洁、浪漫。因此选用象征纯洁和符合地域性特征的白色作为建筑主要色调，空间处理上力求干净、纯粹，形成艺术浪漫、现代简约、低调的风格。希望以"纯白极简"的整体风格来衬托周围优美的景色，做到景观与自然的完美融合，同时我们也试图体现建筑和室内空间环境在精神层面上的内涵，营造一个有气质的、 体现神圣纯净的爱的氛围的空间。

导师寄语

　　景观设计首先要考量的是所在地的气候、场地条件等限制因素，以及人、建筑与自然的关系等。两位同学很明确面对如此美丽的自然，该如何处理建筑与自然的关系，他们将建筑低调地退居到自然环境之后，将室内外与自然、大海高度融合。同时，对纯粹、艺术的风格的追求和控制也令人印象深刻。方案具有设计原点和清晰的设计逻辑，秉承了天津大学建筑学院一直坚持和强调的思想和方法。仅有两名同学的阵容完成了规划、建筑单体、室内、局部的景观设计，工作量巨大，但他们并没有抱怨，而是单纯地努力付出，出色地完成了设计，特别值得表扬。

天津美术学院

乐渝山海——体验经济下的商业中心儿童空间设计

指导教师：孙 锦　赵廼龙　刘东
　　　　　龚丽君　曾卫平
小组成员：程烨蓉　何凯迪　徐以
　　　　　张凌威

评委点评

　　以体验经济的视角进行设计，符合当下商业环境和消费者的需求。在此设计中，注重功能与美学的结合，在业态设置上注重引入摄影、理发、书店、艺术、游戏、拓展等多种混合业态的儿童商业空间，科技类技术的运用也让空间增加新业态特点。设计语言汲取传统文化，形成自己的IP故事，根据不同功能需求运用不同场景来表达整个设计。此设计整体较符合商业发展趋势与逻辑性。

　　商业项目的室内设计旨在打造一个消费场景的物理空间，科特勒先生在《市场营销学》中说，3.0时代卖的是价值认同感，今天的消费场景已经升级到了体验、娱乐、休闲、消费的精神层面。作为儿童商业空间设计，本方案的场景设计、空间规划、展陈设计多样化等都达到了国内较高的设计水准，应该说是一个十分优秀的设计作品。建议同学们进一步思考。如何在商业空间里植入一些寓教于乐的有关人与自然生态关系的公益主题，通过空间规划设计把生态意识潜移默化地传输给孩子们。

作品展示

商业空间演变史

过去　　　　　　　当今　　　　　　　未来

20世纪90年代　　千禧年　　　　定制化购物中心

　　项目位置：位于重庆渝北区的礼嘉，濒临嘉陵江边。商圈布局从重庆的解放碑、观音桥至礼嘉，城中主要商圈一路向北延伸。
　　周边交通：万路皆通，充满不同形式的交通网络，公交、地铁、轻轨、快速道路及主次干道。
　　区域条件：地段与生态区相连，区内主要为住宅和休憩公园及大面积生态景观公园。
　　人流通量：地上地下引入人流、观赏龙湖生态的游客、居住在附近的游客、交通人流。

功能分区图

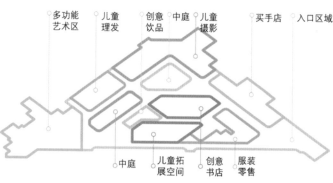

多功能艺术区　儿童理发　创意饮品　中庭　儿童摄影　买手店　入口区域

中庭　儿童拓展空间　创意书店　服装零售

设计愿景

零售与文化艺术相结合

空间设计注重自然、文化以及商业的融合，将实体零售空间与文化艺术相结合，从文化售空间转变成公共文化空间。针对重庆风土人情和具体文化特色，以山海经为叙事空间使儿童群体了解文化，鼓励儿童亲近自然，培养儿童对艺术的感知力和创造力。

解决措施

《山海经》用色

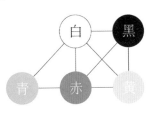

《山海经》中的用色规律：《山海经》中最常出现的颜色词为"赤""黄""青""黑"及"白"，即后来与"阴阳五行说"相配的"五正色"。《山海经》中还有以下一些表示颜色的词："紫""骈""彤"。其中，"五彩"是指兼具五色，即五色相杂，苍可归入"青""朱"可归入"赤"。

山海神兽·体验

通过《山海经》中的五种主色，形成线形构造的色彩变换，扭转的线面组合代表着自然与科技，驳杂与秩序的交织，加上 AR 技术，山海神兽穿插其中。中间圆筒状的构造源于伏羲攀天的神树，树干笔直，从一层向树干中心望去，感受《山海经》中绚丽的世界。

立面图

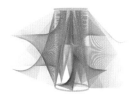

俯视图

山水重庆·空间

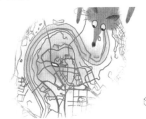   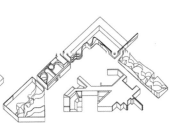

神话故事·叙事

①日出东方

提取神话故事《日出东方》中的场景元素（汤谷、太阳、扶桑树）并转化。

②精卫填海

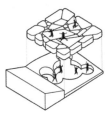

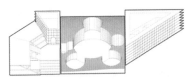

提取神话故事《精卫填海》中的场景元素（山谷、海洋、云朵）并转化。

③彭祖长寿

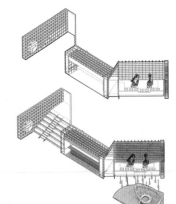

提取神话故事《彭祖长寿》中的场景元素（春、夏、秋、冬四季的景色）并转化。

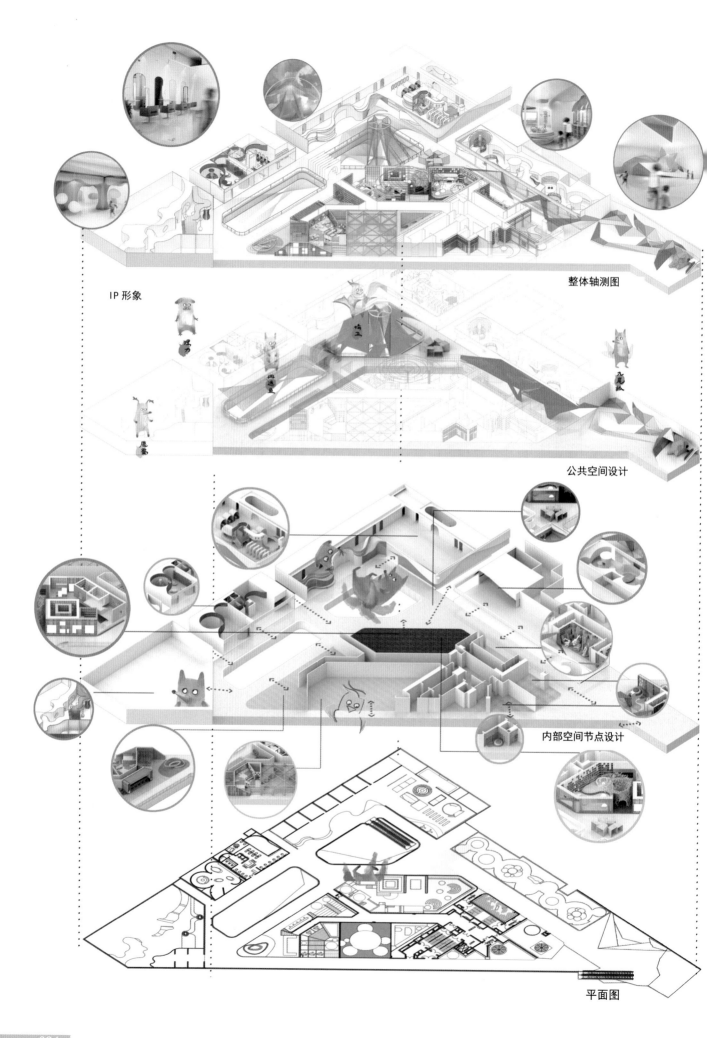

整体轴测图

IP 形象

公共空间设计

内部空间节点设计

平面图

季咖啡厅效果图

立面图

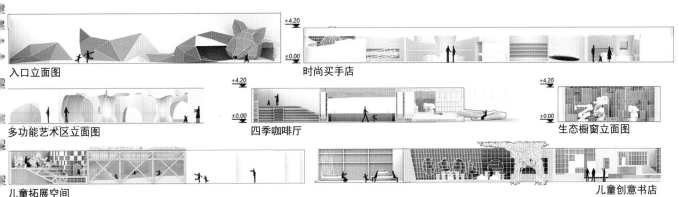

入口立面图

时尚买手店

多功能艺术区立面图

四季咖啡厅

生态橱窗立面图

儿童拓展空间

儿童创意书店

效果图

入口效果图   买手店效果图

儿童摄影效果图   多功能艺术区效果图

四季咖啡厅效果图

创意橱窗效果图

儿童书店效果图

中庭效果图

儿童理发店效果图

四季咖啡厅效果图

作者照片

程烨蓉

何凯迪

徐以唱

张凌威

导师寄语

　　感谢本组的四位同学，自年初选题至今，半年内不惧疫情和任何困难，以一颗淳朴之心和高度的使命感投入毕业设计创作，在校内毕设答辩和"室内设计6+"联合答辩中都取得了优异的成绩。还要感谢各位专家，至今，我们还记得开题时专家们精彩的演讲，点播了孩子们对自然山水、风土人情演绎的向往。儿童商业空间的选题，是他们设计初心的选择。尽管有各种不利的因素但都逐一解决，比如：

　　（1）选题功能设计方面的难度（又商业又儿童）。

　　（2）在地性设计方面的因借与融合。

　　（3）命题范围内共享大厅与"L"形走廊同扩展梯形区域，在主题设计上自然衔接。

　　（4）共享区域内儿童商业主题，公共氛围大尺度的营造设计。

　　（5）叙事空间与《山海经》故事的融合。

　　（6）各类儿童商业功能，小单元分区装饰元素怎样与大整体相融。

　　看似不繁杂的空间，但需用专业技术与艺术、更超前的设计语汇、沉浸式的体验、媒体互动、IP形象设计、吉祥神兽图案提纯等等方面面的融合，才能显出方案的优秀。最难的就是用现代语汇结合主题表达、转述《山海经》+山水文化叙事性、体验性，融合当代与未来、为民主而设计，这是我们从事设计专业要面对，要大胆尝试的主题。希望我们的学生在此番经历下，在专业设计之路上致广大而尽精微！

天津美术学院

维纳斯 + 方糖——塞浦路斯艺术酒店设计

指导教师：赵廼龙　侯　熠　王星
李炳训　刘东文
小组成员：聂瑞芃　汪佩泽　邴
严建林

评委点评

塞浦路斯艺术酒店设计前期分析基本到位，针对性非常明显，对年轻客户群的定位十分准确，集中式建筑布局考虑到山地地形条件，加以架空和利用，未来的可实施性较强。

创意新颖，将集装箱建筑的形式感与象征爱的甜蜜的方糖概念相类比，相近的形式感语言与意义上的相近似，形成了完美的结合，主体呼应恰到好处。

设计表现非常完美，无论是建筑形式还是室内风格与色彩搭配，白色建筑与"方糖"概念吻合，室内白色与粉红、粉绿、海蓝色相结合，活泼、漂亮、充满活力和生命的律动感。空间安排合理，客房考虑充分，公共空间灵动而舒适，对每个要求功能都有深度的安排和设计。

完成度非常高，布局合理，表现优秀，方案角度上很完善，欠缺对施工方式、集装箱结构、材料组织上的考虑，可以继续深化完善，是非常值得肯定的一个方案。

作品展示

设计说明

景观设计采用了当地的白色石材，裂谷状泳池象征维纳斯的诞生，LED灯带加上当地的石材，配合现代电变色玻璃，将时代的特色融入建筑中。

大堂则以接待前台、大堂吧和中庭三个区域为主，先抑后扬的结构形成宏大的空间对比关系。

以撞色设计将餐厅和艺术馆的氛围体现出来。

标间设计

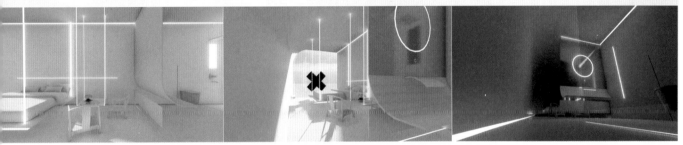

套间设计

三连套设计

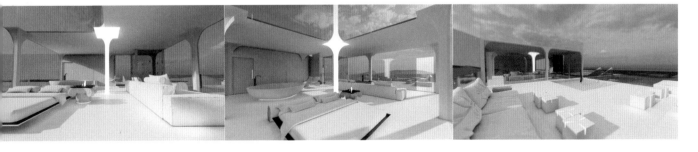

导师寄语

　　本方案突出了美术学院的艺术特色，强调用色彩和光影打造具有浪漫特色的维纳斯酒店，同学们通过对项目的不断探索，找到了自己的设计语言，同时以雕塑感的设计语言，回应了塞浦路斯当地的地域环境。祝愿四位同学在未来的设计工作中，保持热情，不断追寻灵感，大胆尝试，走出自己的设计之路。

河北工业大学

她从泡沫中走来——塞浦路斯酒店设计

指导教师：刘辛夷

小组成员：王婧祎　张耀元　邓力
　　　　　赵艺璇

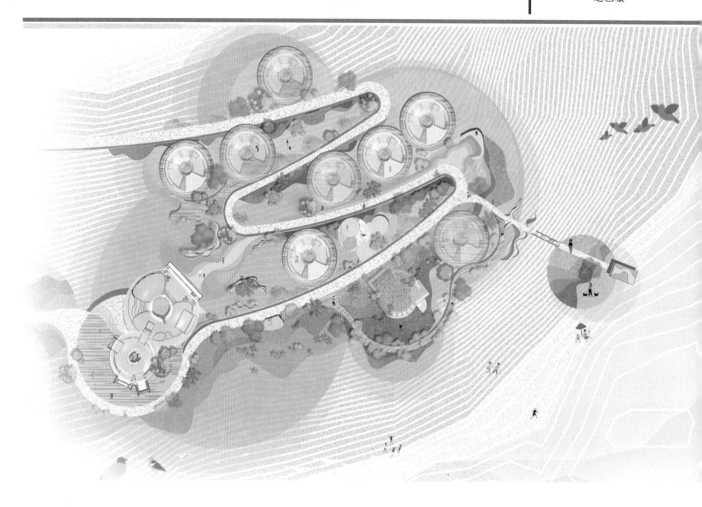

评委点评

　　本组同学的设计从规划、建筑、室内、景观四个专业维度，呈现了一个比较完整的高品质的作品。室内部分的客房产品设计比较精细，产品的多样性组合也不错。特别是在一个整体形态符号的建筑形态中，用直线条切分的手法，将酒店公共空间的室内与室外联系，有机地整合在一起，处理手法十分成熟。艺术中心的设计也没有拘泥于整体的形态，而是做了适度的变形后，形成一个相对独立又比较统一的空间界面。

　　设计以泡泡中诞生的维纳斯的母体——海边泡沫为主题，创意新颖大胆，设计表现上和整体功能安排上满足了设计要求，完成度非常高。规划上虽然有些不足，占地面积偏大，对地形考虑上略欠缺，但从打造一个新颖的装配式的异形集装箱建筑的角度上讲，非常有新意，是个大胆的尝试，并且在室内功能、景观设计、室内设计视觉系统等内容上完成度均比较高。

作品展示

设计说明

　　塞浦路斯（Cyprus）的当地有着自己独特的生活文化。在这里，空气中充满着大海的气味茶余饭后的居民，漫步到那神奇的缘起——爱神岩讨论起那永恒的话题爱神维纳斯。可以说这些地方在城市处处都有她的痕迹，从古至今播撒浪漫的她从没停止。

　　使来到的人融入这里，交流于这里的浪漫氛围之中，是否就成为了我们的设计契机？完成一段曼妙的神话之旅，与她在这里相遇，见她从泡沫中走来。

设计策略

 感官

情感

 互动

 思考

 关联

文化背景

拱顶

古老建筑

海、棕榈林

维纳斯的诞生

艺术

形象符号

海浪   提取   叠加   景观设置

提取   组合   景观平台装置

泡沫

提取   截取   景观平台装置

提取   延伸   建筑外立面

贝壳

提取   组合   艺术馆

建筑设计

空间形态研究

传统建筑：室内外空间分明，有物质实体分隔，相互分离。

传统建筑：内外空间相互交融，界限模糊。

衍生大堂

贝壳　　泡泡

普遍：
平行并置

部分：
相交中庭

本案：
内合庭院

单体模块生成

原型住宅院落

衍生艺术馆

效果图

公共户外活动平台
　　平台设计采取当地遗址建筑古剧场的元素符号，缩略古剧场情境，营造供人交流活动的空间平台。

共享庭院
　　酒店住宿模块为装配式模块建筑，搭配灵活，装载方便，为远洋作业节省成本耗费，提高工程效率。

酒店住宿模块
　　打破传统的酒店建筑形式，融入中国经典建筑福建土楼的建筑符号，打造围合空间和共同的空间庭院，融合中西文化，增加人与人之间接触契机，从而促进人的互动交流。

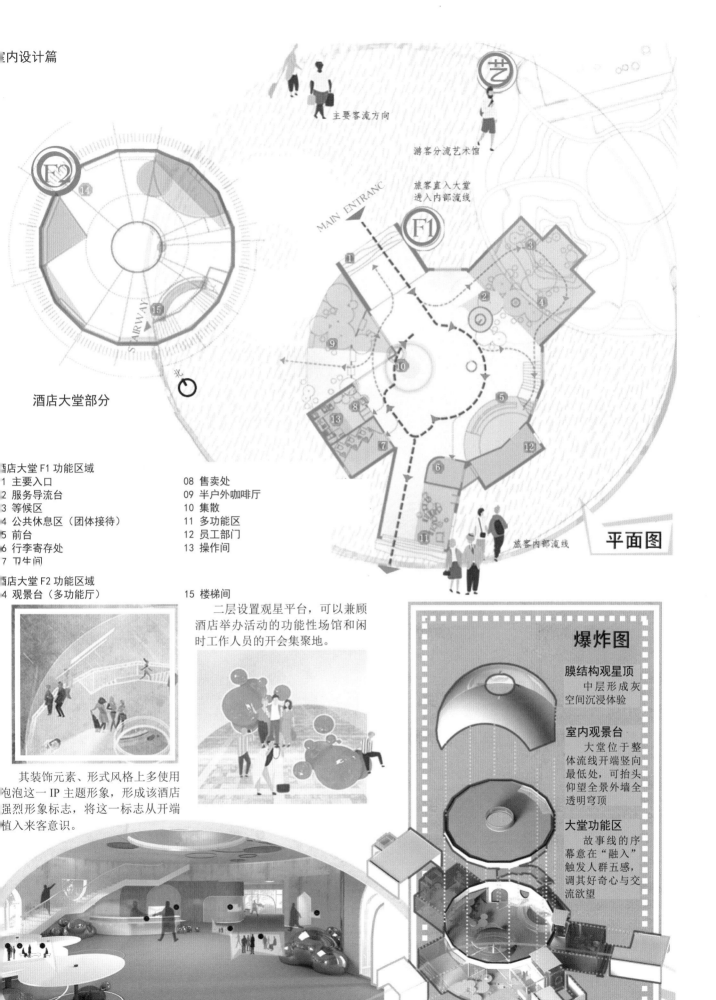

主要客流方向

游客分流艺术馆

旅客直入大堂
进入内部流线

MAIN ENTRANC

F2

F1

STAIRWAY

北

酒店大堂部分

酒店大堂 F1 功能区域

01 主要入口　　　　　　08 售卖处
02 服务导流台　　　　　09 半户外咖啡厅
03 等候区　　　　　　　10 集散
04 公共休息区（团体接待）11 多功能区
05 前台　　　　　　　　12 员工部门
06 行李寄存处　　　　　13 操作间
07 卫生间

酒店大堂 F2 功能区域

14 观景台（多功能厅）　15 楼梯间

二层设置观星平台，可以兼顾
酒店举办活动的功能性场馆和闲
时工作人员的开会集聚地。

平面图

其装饰元素、形式风格上多使用
泡泡这一 IP 主题形象，形成该酒店
强烈形象标志，将这一标志从开端
植入来客意识。

爆炸图

膜结构观星顶
　　中层形成灰
空间沉浸体验

室内观景台
　　大堂位于整
体流线开端竖向
最低处，可抬头
仰望全景外墙全
透明穿顶

大堂功能区
　　故事线的序
幕意在"融入"
触发人群五感，
调其好奇心与交
流欲望

旅客内部流线

艺术中心部分

艺术馆01·艺术沙龙

艺术馆（沙龙部分）功能区域
01 入口分流空间 05 独立展廊
02 展厅介绍及装置展区 06 交流区
03 过渡空间   07 展品柜
04 主厅   08 储藏空间

餐厅·主立面

艺术馆部分功能区
01 主要入口
02 多功能厅
03 展厅（小01）
04 展厅（小02）
05 画廊
06 洽谈区（休憩空间）
07 户外装置展区

餐厅02·咖啡厅

咖啡厅·轴侧分析

景观设计

满足酒店住宿人员心理和游玩需要，让人们在住宿期间不仅能满足住宿人员的舒适度、观赏性，并且能改善使用者的人际交流沟通模式。

店内娱乐活动

能促进人与人之间的活动分为八类，即娱乐、休闲、商务、公共活动、节日纪念活动、集、展览以及体育运动。

集聚会　景观休闲　餐饮服务　纪念活动

合服务　展览展示　运动消遣

艺术中心出口景观

提取海波的元素作为景观整体连接酒店内部景观设计。

中心景观景台

使用泡泡景观主题元素。

转角景观平台

山上、山下、山的另一边、害的地平线尽收眼底。

临海观景

镜面打造装置通过层层反射，将大海与天空连成一片。

下沉感台阶

镜面飘带设计，融入山体。

术中心及大堂前广场

以简洁、干净的视觉设计主，带有局部台地的设计。

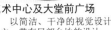
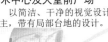

导师寄语

该组同学的毕业设计课题，以"共享"为设计策略，打破传统模式，讨论未来旅居模式的趋势发展；提出为各国艺术、来客搭建精神交流的驿站，融合并包，开启旅行者精神需求的体验感受，利用空间设计的影响引导人与人间完成其情感、文化交流的设计愿景。疫情的爆发，引起了同学们对空间防疫的思考。使课题具有了更多的现实意义。

这次毕业设计充满了很多第一次，第一次参加联合毕业设计，第一次以团队形式完成毕业设计，第一次多专业一体化设计，也是"最特殊"的一次毕业设计。伴随着诸多的第一次，同学们尝试了一次"痛并快乐"的设计过程。希望同学们能够带着快乐的心情跃入人海，相信自己，脚踏实地，勇往直前。

河北工业大学

塞浦路斯维纳斯酒店及艺术中心设计

指导教师：张金勇
小组成员：谢广燃 杨刘阳
　　　　　朱国庆 胡铭

评委点评

这个作品在场地、日照、气候等方面都做了很详细的分析，整体建筑空间关系、室内流线、空间功能分布均清晰、合理，符合酒店的设计逻辑，景观轴也相对清晰。不足之处，室内设计风格不明确，与建筑关联不够，缺乏统一的建筑语言，设计手法还需进一步完善。

设计以酒店主题建筑为核心，中间以荣誉景亭、海边冥想馆为辅助，连成一条主轴线。以维纳斯从诞生到获得荣誉的故事情节发展过程为设计的灵感来源与表现，来营造酒店的文化内涵和独特体验的愿景值得肯定。努力将景观与室内空间进行融合，也是设计的亮点之一。三个建筑的风格与室内设计如果能更加统一，酒店平面功能设计如果更深入，该作品将更为完善。

作品展示

设计说明

塞浦路斯维纳斯酒店及艺术中心项目为建筑、景观、室内、展陈标识一体化设计，合理运用现状条件，做一个适合的建筑、一个舒适的酒店和一个尽可能满足多种形态、形式的展陈空间。

在"世界的十字路口"塞浦路斯的沙滩海滨，设计一所维纳斯酒店及艺术中心，阐述西方的爱神与"美"，讲述关于维纳斯的艺术，设计一条浏览线，从维纳斯的诞生，展示关于维纳斯艺术的时间线、艺术史，让参观过的人体验创作者的心境，展示不同艺术家对于维纳斯的体悟。

融入当地文化又具时代特点、时尚之中有文化、文化之中有特色，既体现东西方文化的交融，又兼顾南北文化的对话，是人类共同的文化驿站，是世界大家庭的文化客厅，是人类命运共同体中国解决方案走向世界的具体实践。

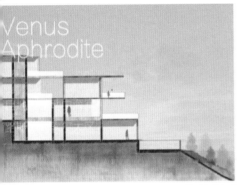

Venus
Aphrodite

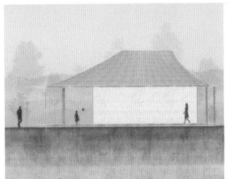

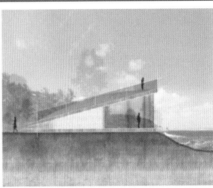

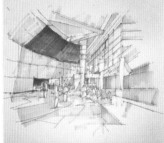

山东建筑大学

光的穿行——马六甲光之湾教堂环境设计

指导教师：薛　娟　陈淑飞

小组成员：温　昕　曲承坤　徐泽

光的穿行

The Environmental Design Of The Light Bay Church In Malacca

评委点评

教堂属于宗教类建筑，其设计的核心是精神空间的设计。本设计剔除传统的装饰化设计手法，回归朴实，采取先做加法再做减法的策略。传统的室内设计造型及材质的多样性变化和装饰性都消失了，留下的只是空间本体，设计者在细微处用了心思，运用光及建筑材料肌理来体现空间的精神诉求。常规教堂建筑按规模大小分为礼拜堂、小教堂、大教堂，本项目为礼拜堂，供少数人做礼拜。建筑由前殿、中殿和天堂组成，附有圣器室、告诫亭及唱诗班练唱空间。方案中有四个精神空间，包括三个室内外空间和从建筑外部引入的一条平行于海面的透明玻璃栈道。

整体设计较完整、充分，对建筑所处国家的历史文化、地方风土人情也进行了较为详细的分析，并体现于设计中。设计充分结合海边的地理位置特点，较好地通过建筑与环境的融合、碰撞，运用光、材料、空间尺度、景观等营造出新颖的现代教堂氛围。设计通过建筑空间动线和场景的设置，使人在行进过程中以及到达不同空间场景时，产生不同的心理感受，场所精神的表达比较到位。建议方案进一步加强细部处理，如高低错落的冥想室地面、弧形过道的局部造型和材料的安全性、舒适性。

作品展示

设计说明

时光流转，世事变迁。过去的教堂是有浓重宗教色彩的旧式教堂，现在的教堂变成了带有世俗含义的新式教堂，是一个带有集会性质的公共空间。

我们将"时间"比喻成"光"，"时间的流转"比作"光的穿行"，由此形成设计概念——光的穿行。

利用媒介"光"，表达历史发展的伟大进程和宗教信仰理念的变化。这束光包容了马来西亚的宗教历史，展望世界未来，也意味着照亮了设计精神的未来之路。我们想将这座建筑设计成面向未来的建筑。

呼吸式楼板 ———

回声装置 ———

神职人员办公区域
公共阅读区

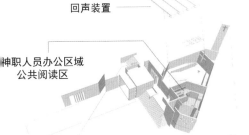

礼拜厅
玻璃栈道 ———
光之走廊
楼梯
卫生间
冥想室
沿海看台 ①

空间秩序

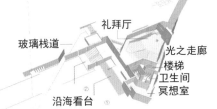

阅览区
办公区

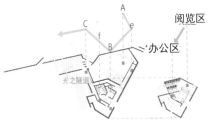

B 空间内嵌入 f，在隧道式走廊尽头引入自然光。

公共阅览区，设计了一种倚靠式的栏杆。

礼拜厅效果图

采用下沉式台阶，在屋顶加入回声装置以便更好地进行礼拜活动以及一些带有集会性质的社会活动。

利用下沉空间形成的高差设计走廊，利用填充高差的密集台阶引入光线。

将旧式教堂中的告解，放大到一整个开放式空间，转换成新式教堂的冥想。设计重在建立人与自身的联结，让人倾听内心的声音，从而达成人与自身的和谐。

冥想室效果图

从外观上来看，步入式台阶像是步入海洋一般，该空间会看到延伸至海面的玻璃栈道，沿海看台也是一个开放空间。

剖面①展示

剖面②展示

沿着建筑主体走势规划建筑旁的道路，形成小型生态公园，打造可持续能源景观。

生态装置演化图

生态装置——光之树。形状像倒立的伞，"树冠"由光纤网组成，夜晚会变成路灯，晴天可遮阳。

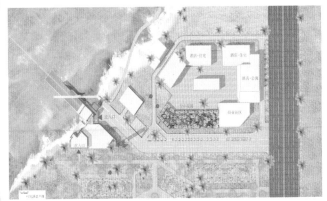

山东建筑大学

礼乐之美——孔子博物馆空间
设计

指导教师：薛　娟　陈淑飞
小组成员：刘吉喆　宋　婕　付凯丹

评委点评

　　孔子博物馆碑刻厅的设计者对碑刻的文化内涵进行了深入的挖掘，从而拓展了碑刻知识体系，使整个展览更加丰富和饱满。整体设计形式儒雅大气，符合大多数人心中对孔子的感受和印象。设计成果充实，工作量饱和。建议在平稳中可寻求局部亮点的突出和强化，制造令人印象深刻的展示节点。在突出重点文物的同时，阐释和表达手段也可以更加多样化。

　　该展馆设计工作量及设计深度达到毕业要求，同时在多媒体展示和碑刻的结合上做了有意义的尝试，设计成果较为充实完备。如能结合展品原件展开设计，可能更符合博物馆的定位。

作品展示

区位分析

　　孔子博物馆是为了纪念孔子、集中展示孔子思想学说、传播儒家文化而建设的博物馆，是具有时代标杆意义的重大文化工程。我们的设计主体为碑刻展厅及公共空间两部分。碑刻展厅相对独立，位于博物馆的西南角，由展厅、临时展厅、文创展示区、卫生间等组成。公共空间位于博物馆负一层地下平台，作为博物馆参观的最后一站，我们致力于打造一个集休闲娱乐、学习交流于一体的多功能公共空间，由餐厅、研学中心、文创体验中心和咖啡厅组成。

设计说明

　　通过研究儒学文献，对儒家礼乐文化进行深入了解，将其思想融入此次设计。本设计方案将围绕礼乐之美这一主题，依据现代博物馆的设计理念，对所涉及的空间进行合理的布局，满足游客们对空间的功能和心理需求，注重形式的美感、色彩的统一，表达出来具有礼乐之美的空间氛围。

　　公共空间为人们提供了体验式教学和继续了解孔子文化的平台，在这个浓郁的环境下起到乐的教化作用，激发了人们对古代文化学习的兴趣与热情。人们对珍贵的传统文化、优秀的儒家文化有更加深入的理解，有利于和谐社会的建设。

刻展厅

如今博物馆不再是单纯的文物展示，更具有文化传播、思想教化的社会价值。基于博物馆整体的设计基调，我们想让游客在参观游览的同时，了解礼乐文化，感受礼乐之美。碑刻展厅以礼的演变为主题，通过礼对人们的影响，展现出人们批判继承中的精神文明之美。以"知礼""思礼""明礼"来概括这个过程，作为碑刻展厅的思路。选取碑刻中最著名的汉碑三杰《乙瑛碑》《礼器碑》《史晨碑》进行重点展示。为了打破参观游览的枯燥性和单调性，展厅分为故事型展厅和展览型展厅。故事型展厅主要讲述礼的演变，分为知礼厅、思礼厅、明礼厅；展览型展厅以碑刻的历史朝代进行区分，分为西汉厅、东汉厅和历代厅。两种类型的展厅穿插交融。

共空间

传统礼乐文化中蕴含着许多具有普世价值的内容，具有超越时空的社会价值，具有引人向善的无形之美。公共空间以礼乐文化中乐的和谐之意为主题，不同的空间中分别表达出教化作用与性情调节，表达空间整体和谐感化之美。

咖啡厅

咖啡厅在空间布局上更加人性化，设计了不同人群所需要的空间，动静分离。将喜爱阅读、安静的人群及交流较多的人群分开来。在同一个空间有着两种选择，不同的感受，满足不同个体与空间的和谐。

餐厅

饮食活动是实现人伦教化、协调人际关系的一个重要载体。子曰：君子食无求饱，居无求安。孔子追求饮食上的简朴平凡，所以食堂空间简洁无繁杂装饰，流线顺畅，空间功能明确。空间多处摆放书籍，供人阅读，陶冶情操。

文创空间

文创空间的流线较为人性化，除了主出入口之外的主流线，还有通向抬起的上升空间、休闲空间等多条线路，流线自由且多样，增强了游客的参观兴趣，并且减少枯燥感与单一性。让人们主动地参观感受孔子文化，达到设计的主要目的。

研学中心

研学中心在空间中运用较多的书架进行装饰，首先符合研学中心的功能定位，其次仍延续博物馆内空间的基本基调，用一种有形的"书"来牵引、串联，构成一种隐隐约约的书籍的海洋，进入研学空间仿佛就进入了书的世界。可以在研学中心继续体验学习儒家文化，感受礼乐之美。

导师寄语

庚子春季，本是校园里最亮丽的风景线，却因"新冠疫情"的强势来袭，整个世界被按下了暂停键。面对疫情，同学们的创作与设计产生了与往年本质上的变化：从技法至上到观念至上、从外在表现到震撼反思、从阳春白雪的艺术神坛进化到共克时艰的时代语境；导师们欣喜地看到孩子们的成长和蜕变。虽遗憾没能面对面地给予学生指导，但师生们共同经历了一个别样的、令人感慨的毕业创作季。

河南工业大学

石头里的酒店——塞浦路斯碧苏里孔子文化酒店设计

指导教师：张翼明 郭全生 魏

小组成员：贺 何 胡林峰 刘雪 董琼美

评委点评

酒店建筑设计虽采用院落式以及单体独立的布局，对地形和山地环境有适应性，但对朝向及地形的结合不够合理。室内设计有一定的思考，材质使用上如能和建筑一体考虑则效果更佳，艺术馆没有考虑陈列及人的观看方式。总体说来作为一个团队的毕业设计达到了基本的要求，但也仅限于此。

这组同学选用了当地的一些建筑元素和材质表现酒店的地域性，室内也用比较粗犷的材质来表现乡土气息和纯朴感。是比较好的设计手法，但在建筑形态、室内表现上，没有完全展现出当地材质的独特性或唯一性，造型语言与当地文化结合得还不够，不是很清晰，没有达到令人眼前一亮的效果。

作品展示

设计说明

塞浦路斯是一个地中海国家，位于东西方、南北半球的交汇点，被称为"世界的十字路口"，是"一带一路"由东到西的海上驿站。项目所在地位于塞浦路斯南岛西南重镇帕福斯和第二大城市利马索尔之间的碧苏里镇，距离爱神维纳斯诞生地5km，湾区气候宜人，民风淳朴。

针对塞浦路斯土地上广为流传的维纳斯神话，利用当地随处可见的原岩石去建造酒店本体、营造塞岛氛围，让更多的人领略塞浦路斯的文化与风土人情，让更多的人来塞浦路斯旅行的时候也可以在住宿上有更多选择，通过选择下榻塞浦路斯孔子文化特色酒店来丰富自己的旅行生活，满足部分人群对于希腊神话的幻想。

设计概念

基本单元：
　　基本矩形单元体通过削减得到六种可能形式，通过削减得到的空间将作为室外开放空间嵌于方体之内，或围合，或开放，给人以不同体验。

基本单元组合：
　　一条主交通流线，基本单元通过放大、缩小、相切形成不同体量的建筑单元。拾阶而上，围合而成的空间形成公共空间。

基本单元旋转：
　　依据自然景观，保证动线、视线、光线的合理性，将主要建筑体设计为半围合形态。

建筑体块生成

1. 建筑体块生成

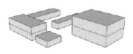

2. 简单功能需求

3. 通风日照需求

4. 调整建筑体块间的空间关系

设计效果

　　酒店住宿套房采用简洁的线条，精挑细选的现代家具和古典家具点缀其间，富有地方文化特色的雕塑和装饰画精心陈列。裸露的混凝土块、赤陶地板和当地的原始岩石，与柔和的灰白色、褐色相辅相成，营造出一片宁静的空间氛围，展现了碧苏里缓慢悠闲的节奏与厚重的文化氛围。

　　在简洁的空间建筑体中，运用独特的结构，搭配特色画作，使人仿佛置身于古老遗迹之中，而将当代设计作品融入其中，更是令酒店住宿套房区域充满时代气息。

导师寄语

　　2020 年是令人无法忘却的一年，虽然我们共同获取大地的馈赠，却也承受着疫情带来的伤痛。是啊，环境与人该如何共生便是当下必须深思的问题。2020 联合毕业设计在室内设计分会以及各位专家、老师、同学的共同努力下才得以圆满结束。这次活动必将让你我对疫情后的设计教育、生活环境进行再认识、再思考。期待同学们在未来的工作和生活中体现出环境设计师应有的价值与担当，为美好人居环境锦上添花。

热点命题，纷显特色

采小命外，哥地棒长

华东区作品

江南大学

平行时空——体验经济下复合
经营式公共图书馆设计

指导教师：姬　林
小组成员：叶瑞君

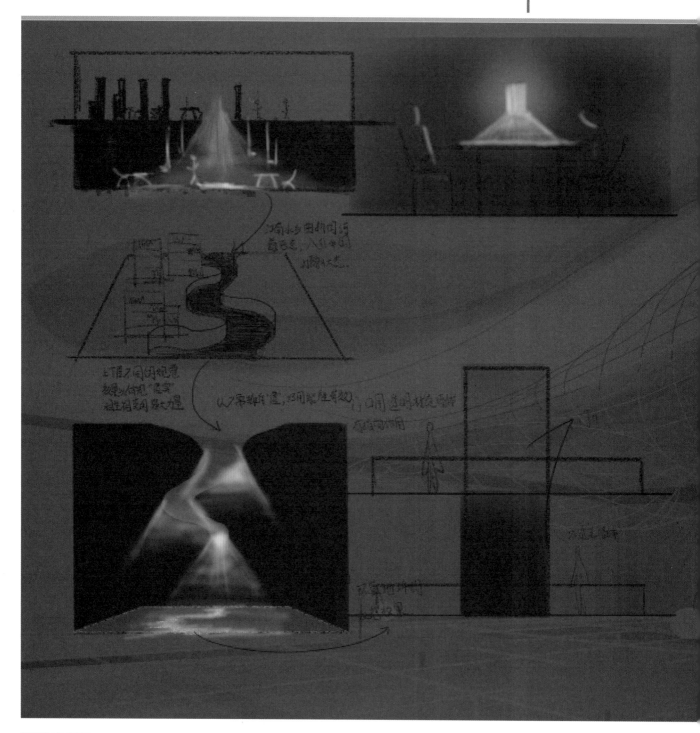

作品展示

概念生成

　　设计构思受到平行时空论（物理学界尚未证实的一个猜想）的启发。事件可以同时发生或者相继发生，同样的事件在平行时空有着无数种变化的可能。现阶段的图书馆已经不仅仅是简单的阅读空间。面对快节奏的高压生活，更加需要集结多种文化体验的一条龙功能空间。读者在其中常常会同时有多种需求，如知识产出、知识交易等。在"互联网+"的时代下，想提升服务质量，需要借用先进媒体技术进行资源的整合利用。而知识的产出与交易有不同的空间要求，传统空间通常只能满足其中一个。为适应新需求，需要创造一个包罗多种体验型服务业态、融合多元的交流活动的功能空间。对此，本方案围绕功能与体验构建平行的功能空间——知识孕育、知识交易的双重空间，在其中能够同时满足知识的产出与交易。

Knowledge exchange & Knowledge Breeding

当光线充足，空间亮度较高的时候，人的工作强度提高，明亮的光线能促进沟通交流进而提高工作效率。但过亮的光线会使周围物体暴露并影响人们被动注意力，读者容易被环境影响。而在保证阅读照明的情况下减少环境光线，则能减少被动注意力的分散，提高读者专注度。

利用场地优势上层作为亮空间，下层作为暗空间，并在楼板中央作蜿蜒溪流状镂空，使得上层与下层以光为载体进行连接，起到视觉引导的作用。

二层平面布置分析图

Knowledge exchange & Knowledge Breeding

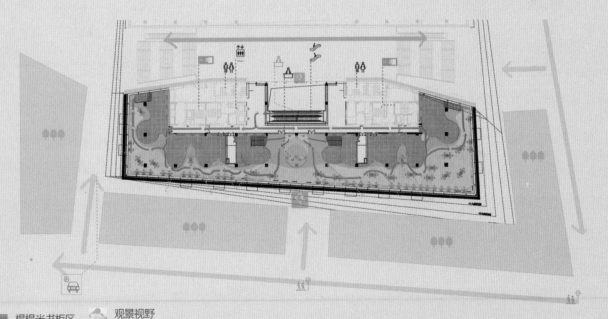

- 榻榻米书柜区
- 观景视野
- 镂空光带投影区
- 绿化带
- 人流
- 外部动线

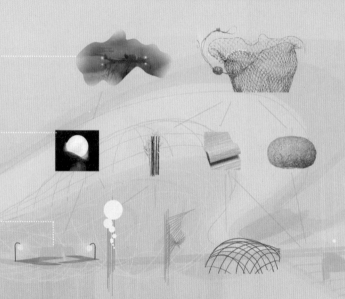

元素来源于江南地区常见的"渔火"网。

由网和点状光源重复排列组合，衍生出"月""竹""竹编"等元素。

用现代几何的方式体现，将元素变形组合。在满足功能的情况下，体现水乡印象，烘托空间氛围。

设计区域

Knowledge exchange & Knowledge Breeding

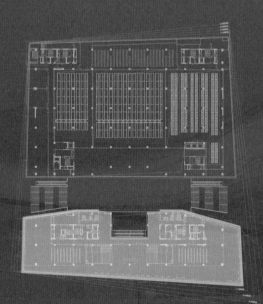

三层成人阅读区

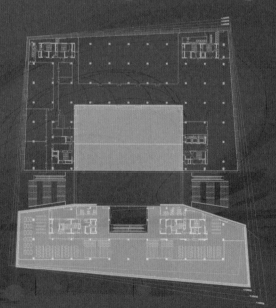

四层成人阅读区 + 空中花园

Knowledge exchange & Knowledge Breeding

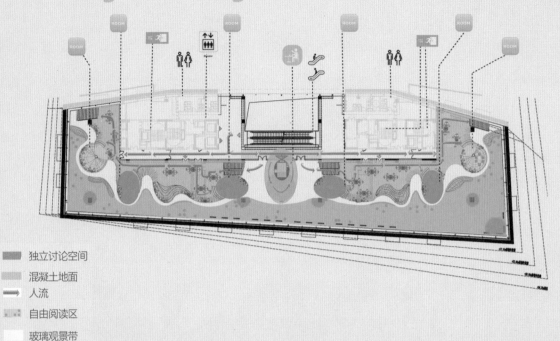

- 独立讨论空间
- 混凝土地面
- → 人流
- 自由阅读区
- 玻璃观景带

色彩提取

Knowledge exchange & Knowledge Breeding

从苏州地区摄影中提取色彩用于空间营造

知识孕育与思考空间轴测图

Knowledge exchange &
Knowledge Breeding

3F

密集藏书区

榻榻米区

休闲阅读区

电脑阅览区

知识孕育空间爆炸图 & 家具分析

Knowledge exchange &
Knowledge Breeding

3F

灰黑色沙质窗帘

网状山形照明

藤编对椅

电子阅览书桌

阅读区立面图

Knowledge exchange &
Knowledge Breeding

知识交易与交流空间轴测图

独立下沉式讨论空间

开敞观景交流区域

密集藏书区

4F

导师寄语

　　在疫情严重的 2020 年，同学作品的设计与完成，有赖于自己的坚持与坚韧。在毕业分别之际，愿你能在坚持坚韧的同时，依旧能在紧张工作之余继续学习，提升自我。在此以"人之处于世也，如逆水行舟，不进则退"赠送与你，我们共勉共励。

苏州科技大学

水生·水映——西园养老护理院室内外环境设计

指导教师：华亦雄

小组成员：唐玉婷　陈诗雅　陶欣

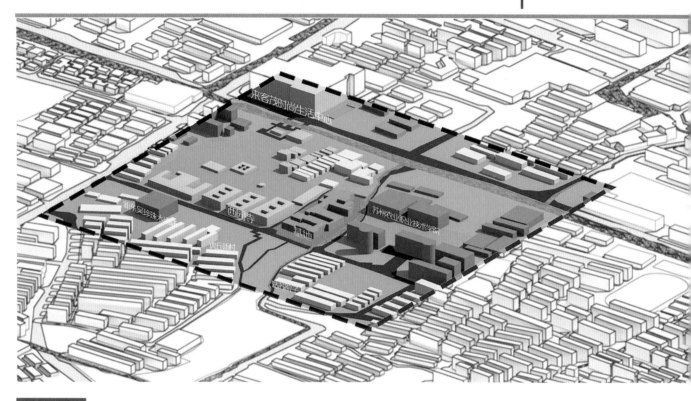

作品展示

设计说明

　　随着我国人口老龄化加速，居家养老问题越加严峻。本设计结合西园寺的禅宗文化，中国养老现状和江南水乡文化，提炼出了"水生·水映"的主题。从养老院内的组织模式及空间形态着手，将传统的封闭式养老院改造为开放且具有活力的社会中心。

　　水生：老人养育子孙，谆谆教诲，象征着水流而下，滋养万物。

　　水映：水深广无涯，倒映万物。本设计将青少年等群体引入养老院，给予老年人充足的身心照顾，是社会对老人的一种反哺，希望他们享有舒适的晚年时光。

老人的一天

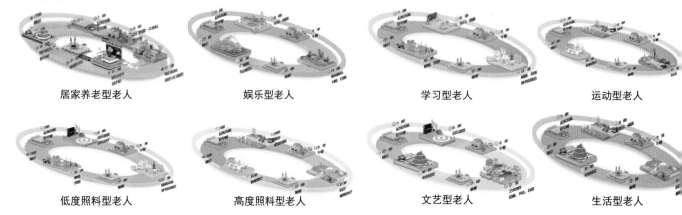

居家养老型老人　　　　娱乐型老人　　　　　学习型老人　　　　　运动型老人

低度照料型老人　　　　高度照料型老人　　　　文艺型老人　　　　　生活型老人

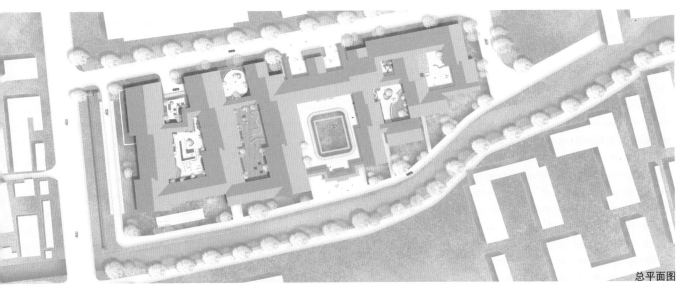

总平面图

日间照料效果图 1

日间照料效果图 2

日间照料效果图 3

养老单元玄关效果图

养老单元卧室效果图 1

养老单元卧室效果图 2

养老单元厕所效果图

导师寄语

本次毕业设计，同学们克服了重重困难，面对一个全新的课题，需要快速完成前期节奏紧凑的调研，消化大量的养老政策及相关设计文献；为了设计出适时适地适宜的养老空间与产品，经过了数次的反复修改和无数个不眠之夜，更不要说在疫情期间，面临交流不便带来的困难；三位小伙伴发挥自己的聪明才智，最终完成了养老院的硬件与软件系统设计。

最后，借用励志暖心短篇《Pip》中的一句台词送给这个可爱的团队："只有经过地狱般的磨炼，才能炼出天堂般的力量。"

苏州科技大学

苏坞·三部曲——苏州市望亭镇南河港村文旅空间规划研究与优化设计

指导教师：周佳
小组成员：彭枳雄 邓孟莲 王梦

评委点评

本次民宿的设计内容比较全面，从品牌、景观、建筑、室内等方面都有所涉及，工作量很大。品牌理念贯穿其中，结合当地特色开展体验活动，突出了景观的乡村性特质，建筑连接方式多样化，室内打造得也很有氛围。整个民宿群在原有建筑的基础上，增加了许多内外交融的灰空间，又进行了部分改良，就地取材，既保持了望亭镇的区域性，又使得整个环境更加舒适。民宿中引入自然光线，充满光影变化，整个空间流光溢彩。总体来说，是一个比较不错的设计。

作品展示

设计说明

民宿群坐落于有"人间天堂"美誉的苏州。我们从品牌、景观、建筑、室内等多方面展开设计，将小桥流水、吴侬软语、水磨腔调、传统技艺、苏式美食等纳入其中。民宿群包括娱乐体验区、餐厅、多功能活动区、客房区、观光区、书吧、康养区等多种功能。我们在原有建筑的基础上进行改良，尽可能与周边环境相协调。民宿运用当地材料、手工艺品，增强区域性，并让游客体会到当地文化魅力。

总平面图

功能分区图

景观图

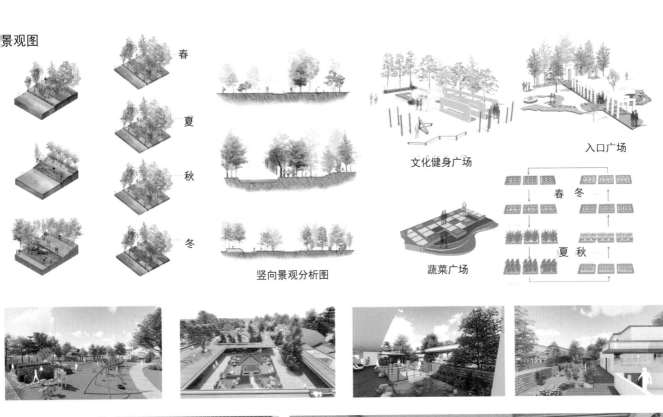

春
夏
秋
冬

文化健身广场

入口广场

竖向景观分析图

蔬菜广场

春 冬

夏 秋

结构图

陈设图

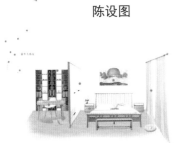

民宿效果图

导师寄语

本次毕业设计，三位同学克服了重重困难，面对课题，需要快速完成前期节奏紧凑的调研、查阅相关设计文献；为了设计出适时适地适宜的民宿空间，三位小伙伴发挥自己的聪明才智，最终完成瞭望亭镇民宿的相关设计。

最后借用荀子的"不积跬步，无以至千里；不积小流，无以成江海"送给这个可爱的团队。

合肥工业大学

桑"愉"新语——适老化设计理念下的苏州古城颐养空间设计

指导教师：郭浩原　李　早
小组成员：杜　艳　宗子怡　王
傅　豪　崔凯一

评委点评

集市空间与当下流行的"地摊经济"有异曲同工之妙，且为老年人提升自我认同感提供了空间。室内空间设计兼顾不同人群的使用及交流互动，应注意灯具照明以及漫反射材料的使用，在具体住房空间中应加强个性化和苏州元素的提取与设计，望你们在日后的学习和设计中做得越来越好。要始终拥有高尚的理想，瞄准月亮，即使迷失，也是在星辰之间。最后的期待，叫未来可期，愿再见那天，阳光明媚，恍若初见。

设计说明

该设计以适老化作为出发点，在苏州古城新生背景下，融入古城文化，塑造一个多元化、一站式养老的场所，设计考虑了老年人的生理和心理特点人体工程学、不同人群需求等。

概念提出

苏州的老一辈人大多生长于街巷之间，如今的街巷虽然衰落，但在街巷两侧有了很多小商铺，生活气息浓厚。根据苏州老一辈人的记忆，以室内廊道作为街巷承载体，结合苏州传统园林元素，串联周围功能空间，形成相互交流与互动的空间。

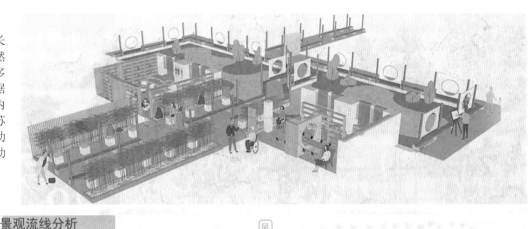

空间思路分析

基础空间优化整合——点空间

活动区多位于建筑两侧，置入许多转角，实现多人共享式居住模式。

特色空间流线——线性空间

景观节点
一室外主线
出入口

室内节点
室内支线
出入口

室内节点处加入出入口设计，让人们可以自由游览。

建筑格局规划——块面划分

养老区
配套楼
护理区

过程互动性
成果分享性
展示型

过渡性

观赏性
追忆性

将建筑划分为三块区域。考虑不同区域服务的不同老人，从活跃度的差异出发设置不同的空间。

景观流线分析

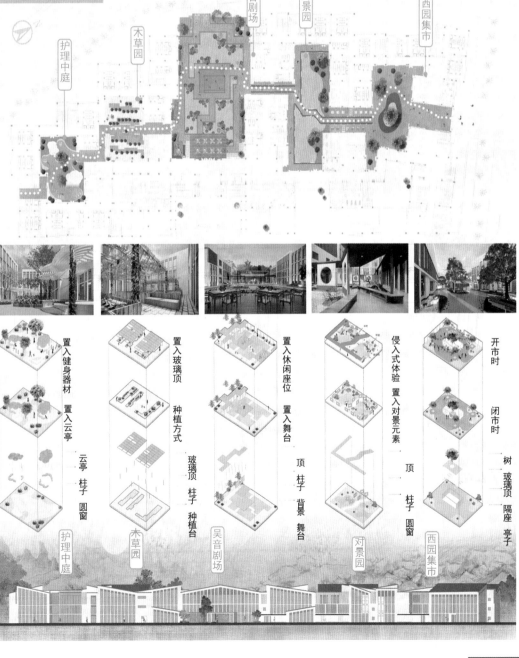

合肥工业大学

二十四番稻香风——苏州市望亭镇南河港村文旅空间规划研究与优化设计

指导教师：李 早　郭浩原
小组成员：黄叙融　陈璐洁　韩宜澜　张秋驰

评委点评

该组同学对南河港村从规划到建筑再到室内进行了系统的设计，内容饱满，信息量较大。在概念上，贴切地将自行车运动引入村落，既符合环太湖骑行运动的氛围，又满足现代人对健康运动的追求。对室内设计也较为细致，运用了一定的地域元素，整体塑造出较为浓厚的江南水乡氛围。在此提出几点建议，首先，在置入新建建筑时，是否能以更接地气的姿态引入，将村民的生活与文旅产业更好地融合；其次，在表达方式上，除了立体的效果图，建议保留平、立、剖等基本的技术图纸，使表达更为完整。

作品展示

设计思路

以南河港村民宿群为纽带，衔接苏州乡村和城市的发展，通过调整产业结构和发展方向，将文旅产业与当地原有农耕产业结合，充分利用稻米、油菜花、太湖水产等农业资源优势，深度发掘当地历史文化和人文习俗，打造体验式、沉浸式的田园乡村旅游产业，重塑江南乡村风貌。

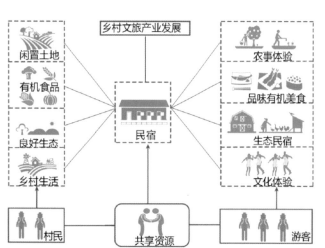

传统空间元素提取

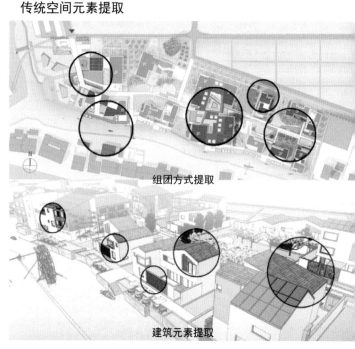

组团方式提取

建筑元素提取

室内主题分析

二十四节气体验馆

稻田民宿会客厅

接待厅室外茶歇

餐饮中心

菜园民宿客房

山水民宿起居厅

农家菜地主题

凛凛稻田主题

秀美山水主题

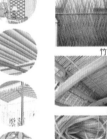

砖　　竹

竹签　　草

木　　根

藤　　石

采菊悠然，雅居江南——民宿集群

滨水与民居——宜人水乡

苏州市望亭镇南河港村文旅空间规划研究与优化设计

村落规划演绎

调整村落肌理，划分道路

两侧加入私家菜园，为农田与村落间增加过度

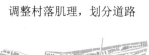

划分滨水空间，加入滨水广场

植入自行车系统，串联景观节点

植入车行与步道体系，贯穿村落

调整村落肌理，划分道路

居民日常生活意向

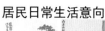

滨水空间改造策略

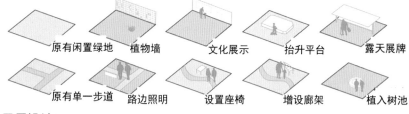

原有闲置绿地　植物墙　　文化展示　　抬升平台　　露天展牌

原有单一步道　路边照明　设置座椅　　增设廊架　　植入树池

民居设计

将传统民居内向型庭院与现代建筑外向型庭院相结合，将建筑与庭院相互交融，形成民居与景观融为一体的居住模式。

滨水空间活动展示

场景元素的塑造

空间构成

形态生成

建筑内自行车体系

沿道路排布体块

旋转体块方向

局部下沉与下穿相接

体块削减，置入自行车系统

骑自行车沿路蜿蜒而上，在不同高度，体验不同景观。在不同层面设置了自行车与建筑的结合点，慢行游览，穿行登高，整个过程从徐徐缓行到豁然开朗，登高远望，蜿蜒而下。

剖面透视图

优化建筑滨水关系

二十四番稻香风——湖畔稻田香，水乡民风纯

苏州市望亭镇南河港村文旅空间规划研究与优化设计

体块生成

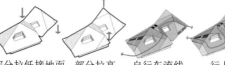

体量错动为入口　置入庭院　置入功能　增加板并旋转

部分拉低接地面　部分拉高　自行车流线　行人流线

外部环境

车道连接　结合虚构架构图

小轮车场地　室外缓冲场地　室外休憩场地

自行车驿站——俯瞰湿地 远眺太湖

操作手法

改变街巷尺度和建筑间距，创造多变的街巷空间，创造行走的节奏感与引导性。

滨水空间塑造

通过石墙和木构架空两种手法，建造不同围合程度的空间。采用屋中屋的空间嵌套模式，将水榭楼台置于新建筑之中。

景观设计

通过造园手法，运用借景、对比、序列等产生空间变化。

滨水空间塑造

苏州市望亭镇南河港村文旅空间规划研究与优化设计

农斗基地
滔力溪习 工 展目虫

秋 秋风渐凉暑气消，金黄稻谷笑弯腰。

冬 北天时人事日相催，冬至阳生春又来。

夏 田田秧稻半青黄，比屋人家煮爯香。

春 绿波春浪满前陂，极目连云水稻肥。

发展田野的复合产业——多方复合新模式

第二产业：加工制作

产业建筑　展览建筑

第一产业：种植业

第三产业：展览、休闲服务

（1）功能复合。
（2）空间复合。
（3）参展方式复合：骑行、步行。

体块生成——产展结合

分区确定产业科研空间
参展流线

展厅与基础功能穿插

沿道路方向置入展厅

连廊联系溪流两侧

置入自行车观展流线

室内空间操作手法

屋顶平台供游客眺望稻田

农耕文化展

传统菜籽油压榨

稻米现代加工

斗开戍果

稻米现代加

水榭　　　轩　　　五角亭

屋檐　　　回廊　　　亭

开门见山　高低游廊　曲廊　复廊

格栅　　　花砖　　　瓦片

帷幔　　　圆洞门　　漏窗

木方窗框景　圆窗对景　山石

统菜籽油压榨展
半轩·咨询
山石·景墙
游廊·观展
轩·制作
亭·售卖
五角亭
水榭·制作

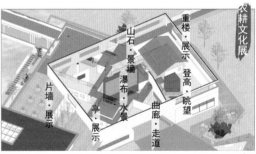

农耕文化展
重楼·展示
山石·景墙
瀑布·水景
登高·眺望
曲廊·走道
片墙·展示
亭·展示

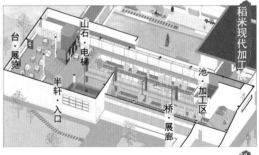

稻米现代加工展
山石·电梯
台·展览
半轩·入口
池·加工区
桥·展廊

科研成果展
天井·植物架
水榭·集散
复廊·展览
桥·连廊

导师寄语

方案整体规划合理，引入了二十四节气和自行车系统的理念，通过对滨水空间和村落民居的更新设计，重塑江南水乡的风貌，打造出"湖畔稻田香，水乡民风淳"的江南村庄意象。建筑设计分别从餐饮业、农业、服务业等产业类建筑展开，挖掘苏州传统建筑的空间形制。室内设计从建筑学空间塑造的视角出发，借鉴苏州园林的造园手法营造空间，体现了浓郁的地域特征。整个方案运用了建筑、规划、景观、室内一体化设计的手法，尝试采用研究型设计问题为导向的设计思路，取得较好的效果。

苏州大学

三时三餐，随寓而安——苏州市望亭镇南河港村民宿改造方案

指导教师：王泽猛
小组成员：程思锦　周博寒

作品展示

设计说明

设计以南河港村的稻作文化与鱼羹饮食为切入点，融合本地历史悠久的饮食文化，从生产、生活、生态、科技等角度，打造鱼稻文化主题特色民宿。人们通过体验农作，漫步稻田，感受乡村共生的生态环境与乡村科技、生活，发现南河港村的魅力。设计以村民的日常生活为时间线，让游客能放下城市的喧嚣，在南河港村度过轻松自在的一天。

概念生成

水为乡，篷作舍，鱼羹稻饭常餐也。——李珣《渔歌子·荻花秋》

"三时三餐，随寓而安"

三时：以三时三餐为线索，在场地内还原旧时渔民们辛勤工作生活的一天。

寓：同"遇"，在此相遇，于此寓居。构建人与人、人与场地的和谐关系。以小见大，以主题民宿为平台和出发点，感受江南农业饮食文化。

设计策略

农作区

共生区

科技区

结合5G技术与智慧乡村旅游发展的时代背景，在保留传统风貌的基础上，大胆应用新技术进行景观营造，如智慧农业（立体种植）、智慧照明、智能房间指引、灯光互动装置等。

平面图及分析

道路　　　　　植被

建筑　　　　　人流

建筑爆炸分析

田水泛舟

昼出耕田

也傍桑阴

童孙嬉戏

行客借座

千顷芙蓉

取乌篷船意向（竹制棚顶）改造建筑外立面。
深灰色的瓦顶、白色实墙结合竹木质感格栅与玻璃，打破建筑与原场地一开始相互独立的状态。

左视图　　　　俯视图

生态池塘分析

Potamogeton maackianus　　Malayan cabbage　　紫苏　　苦草

竹林装置分析

爆炸分析

寻师寄语

单从科技与经济发展的角度看，乡村确实不具备引领社会发展的功能，但蕴含其中的地缘血缘社会关系却从某种程度维系着中国传统和地域文化。乡村环境作为最接近自然的具有社会功能的人造次生环境，不仅可以放大普通的"人"在环境中的相互影响力，建立和谐的熟人社会关系，同样也是人们亲近自然的理想场所。随着大数据信息化的发展，城乡之间的社会边界进一步模糊化，基于大数据信息化的新型城乡关系即将产生。

上海理工大学

有缘·游园·又圆——苏州市
西园养老护理院适老化景观设计

指导教师：杨潇雨
小组成员：王 艺 张 敏

作品展示

设计理念

先"有缘"，再"游园"，最后"又圆"。城市的繁华与养老护理院的静谧在短短百米中自由转换，以园林的造景手法空间层层递进，揭开一个意境悠远的游园式养老环境。融入莫比理念，体现无限及未来感，象征着老人晚年生活的无限可能。

方案说明

根据各空间对室外空间的不同需求，将室外景观主要划分为五大区域。

（1）疗养区。靠近护理楼的区域，整体以康养为核心，根据主题的不同分为自然疗养区与人文疗养区。

（2）中心水景区。是整个景观的中心，以水为主题，作为养老护理院对外展示的核心区域，设置戏曲舞台。同时作为园区内最大的水景区域，鱼菜共生系统，兼顾微气候调节及生态循环功能。

（3）活力养老区。靠近养老楼区域，比护理区更具活力。分为聚会休闲、庭院种植区、冥想区三部分。

（4）生态禅养区。做微地形处理。突出自然、生态理念，同时兼具运动休憩功能。

（5）其他。主要为宅旁绿地与沿河景观。"一环一场四点位"运动设施体现运动随时随地的理念；二楼衍生平台让老人更便捷地享受大自然。

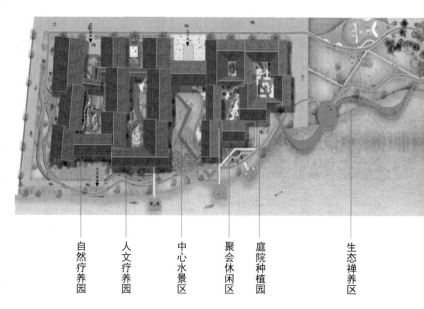

自然疗养园　人文疗养园　中心水景区　聚会休闲区　庭院种植园　生态禅养区

有缘——代表缘分、禅养。"缘"是佛家术语，代表着禅养理念，是整个养老景观核心理念。不管是老人还是养老护理中心工作人员，抑或是家属、志愿者，大家在护理中心相遇即是缘分，希望大家能常怀感恩之心，对待所相识的每一个人。

游园——代表园林。养老护理院整体基调营造园式的养老环境，让老人在园区内享受游园式的养老生活体验。

又圆——代表团圆、循环。"又"字代表着再一次，希望将养老护理院打造成老人的第二个"家"，让老人在护理院感受到温馨、亲切、舒适的居家式养老氛围。圆又代表着循环，景观设计蕴含着生态循环理念。

生态修补

心至——药植疗养园
车库入口
◀车库入口
归真——时光疗养园
入园——中心水景区
主入口
◀主入口
拾趣——琴棋书画园
拾趣——庭院种植园
谧园——生态禅养区

文化活动

康体健身

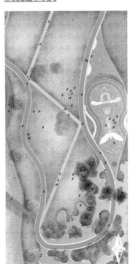

主题：鱼主题

户外健身设施
——老人

特色爬架50m
——降血压

儿童乐园
——娱乐

坐位蹬踏滚子运动
——舒筋

苏州市西园养老护理院适老化景观设计

上海理工大学

宛在太湖中——苏州市望亭镇南河港生态旅游特色乡村规划设计

指导教师：杨潇雨　张朝辉
小组成员：向　妮　张奇敏

作品展示

设计说明

本设计以太湖东畔苏州市望亭镇南河港村为研究样本，挖掘当地特色，确定以生态旅游为支点重构南河港景观空间体系，注入"宛在太湖中"的概念，充分利用环太湖生态旅游产业优势，江南水乡人文景观特色，对场地进行生态、产业、风貌、人居、文化艺术等领域的综合性整合设计，在生态共享、景观更新、文化塑造、产业升级、人居优化的设计理念指导下塑造高品质生态田园旅游空间。

愿景目标

第一步：吸引游客进入

第二步：丰富游客体验，加长游客驻留时间

第三步：形成品牌效应，游客慕名而来

整体布局

民宿区名称为"归园"，整体布局借鉴王心一"归园田居"设计格局，中心水塘的形态是由太湖简化提取而出，用现代设计手法打造传统园林"三山一池"的山水格局。

点分析

乌桕广场分析

戏剧广场给苏湖底蕴深厚的南河港创造文化展示空间。建筑斜坡面则引入屋顶绿化，让稻田从地面向上延伸，使得与稻田景观融为一体，形成具有独特标识的大地景观。

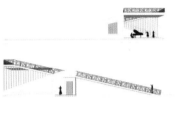
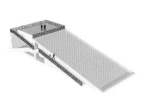

民宿群设计分析

民宿群整体布局借鉴王心一"归园田居"设计格局，取名"归园"中心水塘的形态是由太湖简化提取而出，用现代设计手法打造传统园林"三山一池"的山水格局。

民宿群以现代简约苏式建筑风格为主，保留场地现有建筑布局和原有建筑基本大框架，沿承建筑屋顶样式，整体以白墙灰瓦为基调，并加入木格栅点缀。

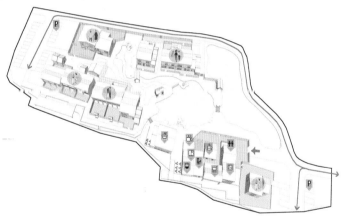

太湖归暮处分析

基地有得天独厚的地理位置，一年四季都能欣赏到太湖岸线上的夕阳，太湖归暮处节点中的凉亭设计由此为灵感。根据春分、夏至、秋分、冬至四个太阳落山角度分别用三个凉亭框取出当季的归暮景象。

春的花、秋的枫　　　　夏的鸟　　　　冬的雪

上海理工大学

禅养姑苏——养护型养老院室内设计

指导教师：杨潇雨
小组成员：顾晗卿

作品展示

策略生成

《姑苏繁华图》是清代宫廷画家徐扬创作的一幅纸本画作，描绘了当时苏州"商贾辐辏，百货骈阗"的市井风情。本设计将《姑苏繁华园》中常见的、具有代表性的局部细节提取，加入到室内形态设计中。

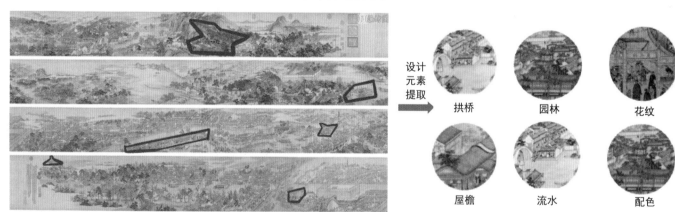

设计元素提取

拱桥　　园林　　花纹

屋檐　　流水　　配色

古代街道与现代功能的转换

❶ 山林 ➡ 人工氧吧　❷ 漕运码头 ➡ 健身房　❸ 街市 ➡ 老年集市　❹ 戏台 ➡ 多功能厅　❺ 佛塔 ➡ 冥想室 / 礼佛室　❻ 医馆 ➡ 中医理疗室

养老

卧室　　休闲区　　大门　　健身房

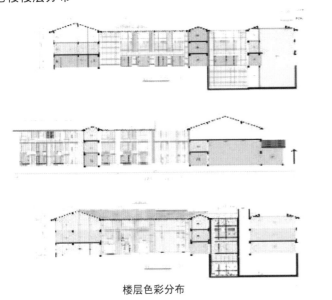

楼层色彩分布

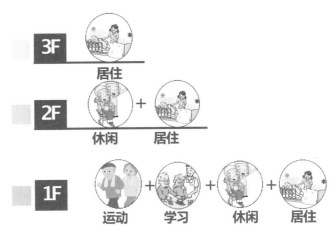

楼层功能分布

装置设计

效果图

咖啡厅

茶室

宠物饲养室

　　由江南地区农村常见的老年人围绕大树乘凉、聊天的场景，演变为养老院公共空间桌子、座椅。竹子、流水的加入，突出了"禅意"的主题风格，营造出曲水流觞的意境。

　　书画教室、手工教室中间用隔板隔开以区分功能。取下隔板可以不定期举办售卖课堂上制作的作品的老年集市。

　　音乐教室采用开放式、围坐的形式布置。

　　心理治疗室穿插于各个空间。让心理治疗不再是阴暗的，而是以日常聊天的方式展开。同时也能让接受治疗的老人迅速放下戒备，达到更好地治疗效果。

效果展示

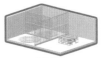

咖啡厅　　儿童乐园　　茶室（人工氧吧）　　音乐教室　　禅修室　　老年教室

单人间　　双人套间　　四人间　　客房　　手工、书画教室　　宠物饲养室

浙江理工大学

苏州西园养老护理院室内及庭院
景观设计

指导教师：汪 梅 杨小军
小组成员：黄曼霞 陈 星 潘

作品展示

概念生成

　　本项目从苏州老人喜闻乐见的日常生活中寻求灵感，通过苏州老年人传统与当代生活中表现出的生理特征、心理特征与行为特征中寻找西园养老护理院的设计风格与功能定位。从苏州传统的园林景观中的假山、亭榭、曲廊、花窗等撷取装饰元素，从戏曲、庙宇和绘画中吸取营养，让设计中充满苏州地域文化特色的同时，在环境空间中体现出对老年人的关怀，从而提高老年人对环境的亲和感、认同感和参与性。

设计元素提取

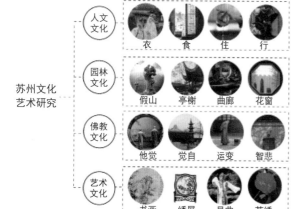

苏州文化
艺术研究

人文文化：衣　食　住　行
园林文化：假山　亭榭　曲廊　花窗
佛教文化：他觉　觉自　运变　智悲
艺术文化：书画　绣屏　昆曲　苏绣

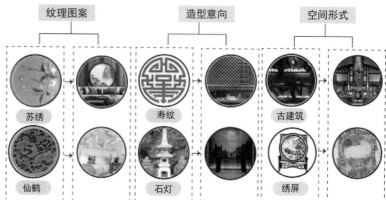

纹理图案　造型意向　空间形式

苏绣　寿纹　古建筑
仙鹤　石灯　绣屏

室内居室空间设计

自理单元设计

在风格的选择上，将室内居室间定位为新苏式风格，这一风格空间主要以苏州的传统刺绣以及苏州的吴门书画为主要设计元素。在材料上，利用苏州古建筑的木质材料和苏州布艺等，在空间造型上提取苏州园林的花窗作为吊顶，老年人躺在床上时看着花窗可以联想西园景色，增添生活乐趣。

自理空间风格板

自理空间效果图

护理单元设计

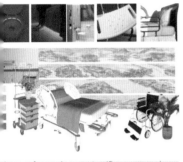

护理空间效果图

康复中心设计

康复中心效果图

康复中心立面图

护士站作为功能性空间主要从两方面进行考虑。一是从心理上给予老年人缓解病痛的反应，缓解老年人对养老护理院的恐惧感；二是为医护人员提供病历等级、患者咨询等功能的平台。将每个户型房门门牌标识放大，进行视觉强化。

护士站效果图

康悦中心设计

康悦多功能厅设计主要提取苏州的建筑结构、绣屏、昆曲等作为装饰元素。在功能上做了一个延伸，宴会厅具有表演空间功能，平时可以举办戏剧文化表演、联欢活动、志愿者表演；展示功能可以为老人提供手工制作展示、公益拍卖、展会交流等；宴会厅功能可以提供贺寿、聚会、会议、茶歇、酒会等功能。

庭院景观设计

月照潭沁

九曲虹桥

松下闻音阁

寿松山水图

聚乐厅种植园

康悦多功能厅设计

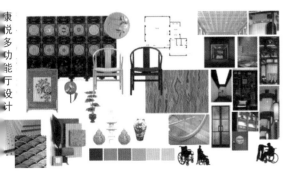

溢梅园
俯瞰全景效果图

西园揽月
俯瞰全景效果图

导师寄语

"宝剑锋从磨砺出，梅花香自苦寒来。"本次毕业设计，同学们借助姑苏自然资源和文化资源，从苏州传统的戏剧、刺绣和佛教文化中撷取吉祥的元素应用于空间，为西园路养护院的老人打造具有"文化＋福寿＋康悦"理念的养生福地。设计过程中，我看到了你们吃苦耐劳的品质，分析问题、解决问题和团队协作的能力，大家在设计中获得知识的滋养，设计思维也走向成熟。在此祝福年轻的你们永葆向上的激情，创造更美好的未来。

浙江理工大学

基于互动体验的文化活态保护乡村
文旅空间设计 · 苏州市望亭镇南河
港村文旅民宿集群

指导教师：杨小军　汪 梅
小组成员：陈迎威　施方颖　丁红辣

作品展示

概念生成

　　通过二十四节气的时间线连接"稻作活动"以及"时节饮食"两方面的内容，意图以时间线引导商业线并且根据当地渔耕文化的特色，对于"渔猎"活动进行内容补充。以"渔耕换宿"作为具体实施互动体验的手段，以鱼稻共生的概念打造稻田生态系统，并在其中更好地实现互动体验。

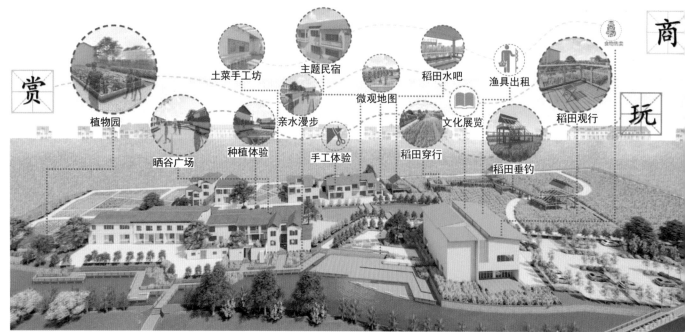

案设计

稻田景观

针对家庭亲子客群，传达"授之以鱼，不如授之以渔""谁知盘中餐、粒粒皆辛苦"的思想。以寓教于乐的方式发挥文化教育作用。

观景高台

钓鱼台

稻田水吧

植物园 / 晒谷广场

植物园

晒谷广场

微观地图

亲水栈道

民活动中心

独立式民宿

享式民宿

民宿建筑外观

土菜手工坊

露天连廊

民宿庭院

导师寄语

本次毕业设计，同学们借助望亭镇南河港村自然资源和文化资源，从村落的自然生态、历史人文、乡村居民和特色产品中打造基于互动体验的文化活态保护的文旅空间设计。在设计过程中，同学们勇于创造，积极探索，能力得到了很大的提升。愿你们学会在创造性的学习中品尝成功的甘甜。

上海视觉艺术学院

纸间观照——苏州市第二图书馆沉浸式阅读空间室内设计

指导教师：陈月浩
小组成员：王　天　邹一馨　项

作品展示

项目说明

　　此项目是针对位于苏州市城区的第二图书馆的室内空间改造设计、设计通过提炼城市记忆为设计元素，以框景为主要设计手法，来创造主客体对象的边界感在全景视角中消融的空间体验，对每个人沉浸阅读的瞬间进行放大和延伸，使得读者们都能享受到人事活动间的相映成趣带来的默契与感动。

场地介绍

　　图书馆坐落于相城区活力岛区域，华元路北侧、广济北路以西。

　　整个项目建筑面积为45332m²，设有7层，其中地下1层，地上6层，分为南北两个区域。

　　主要包含公共图书馆服务、文献存储集散和配套服务三大功能。

建筑分析

　　建筑概念由堆叠纸张的旋转而来。

　　第二图书馆分别由阅览室与藏书馆构成，再将休闲娱乐区将两馆连接，最终经过一定角度旋转构成。

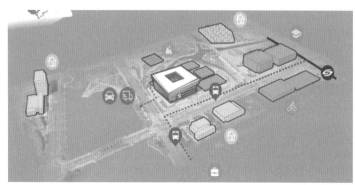

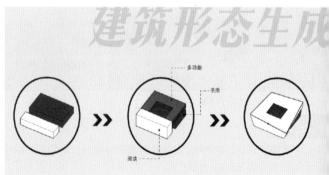

建筑形态生成

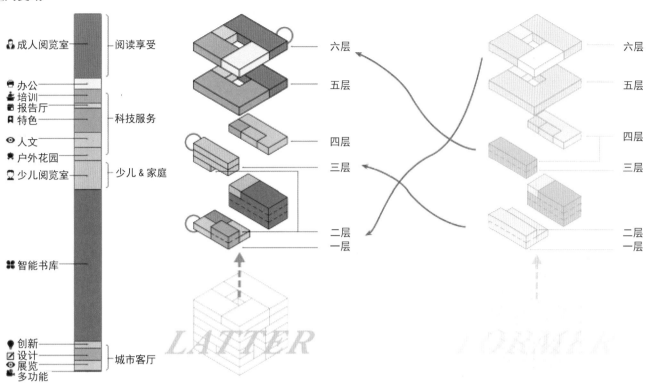

依据对于未来媒体式图书馆的发展定位总结，我们针对整座建筑中的原少儿阅览室、成人阅览室、设计图书馆三个空间进行了位置上的调整和室内空间的后续重设计：分别替换成城市客厅、少儿阅览室、成人阅览室。希望通过空间层次的变动，使得各用户的流线能更明晰；读者们可以享受更好的空间服务；图书馆内部能够形成一整个知识循环。

按照垂直方向上的空间序列，分别赋予三个空间江南建筑文化中的不同形式作为主题属性，同时也对应着不同等级的社交界面体验，贯穿暗示了空间私密性质的变化。

素提取

形式演绎

我们希望通过框景的主要设计手法，利用视框创造边界面、风景、空间感知，在形式、尺度、透明度、位置等因素上变化，从而形成丰富的空间体验，为人与人、人与空间的社交活动创造无限的可能性。

间层次

空间定位

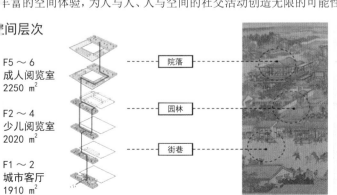

场地分析

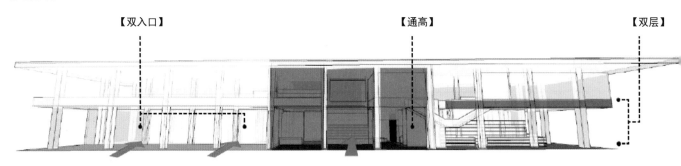

【双入口】　　　　　　　　　　【通高】　　　　　　　　　　【双层】

空间规划

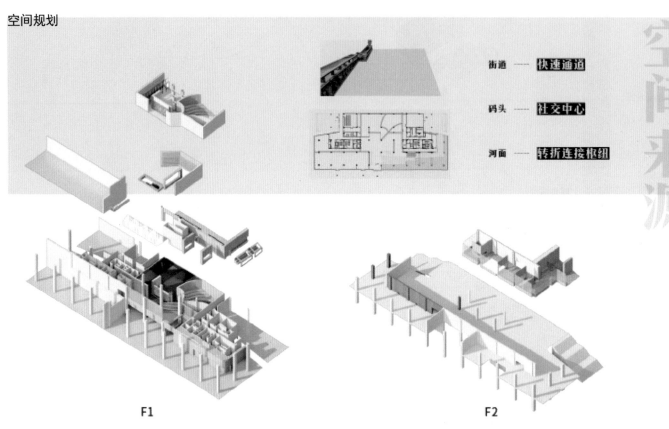

街道 —— **快速通道**

码头 —— **社交中心**

河面 —— **转折连接枢纽**

空间来源

F1　　　　　　　　　　　　　　　F2

一楼城市客厅

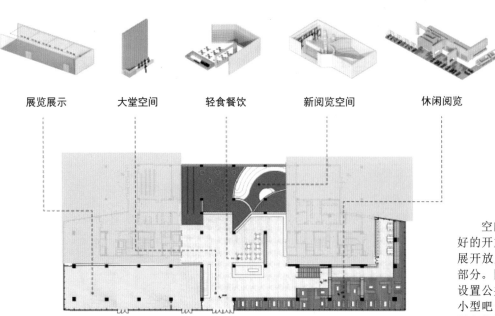

展览展示　　大堂空间　　轻食餐饮　　新阅览空间　　休闲阅览

空间呈倒 T 形排布，因此将光线最好的开放性空间、开放式图书馆与展厅展开放置，T 形中央为主入口连接各个部分。同时将开放式图书馆层光线较暗设置公共办公区。一层 T 形延伸处设置小型吧台服务阅读区，最后将光线需求最小的新阅览空间终点。

新阅览空间

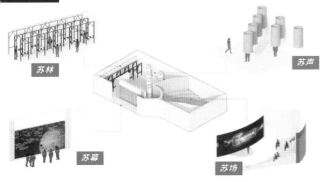

轻食餐饮

展览展示

一层作为开放性空间，具有体验性与社交互动性，功能包括体验、展览、办公、休闲等。城市客厅平面布局参考苏州河道，将视觉中心河道作为社交中心，狭窄的街道作为快速通过的路口，而突出的阶梯是连接两个空间的枢纽。空间上结合场地的光线、空间特点，将概念元素嵌入空间中，形成最终的平面布局。

其中的新阅览空间使用了展览互动的模式，利用读者生成的数据，通过设备与空间对参观者进行展示，让参观者转变为阅读者，同时读者对于参与过程形成情感共鸣，进行二次参观，形成读者身份的闭环。

大堂空间

二楼亲子阅览室

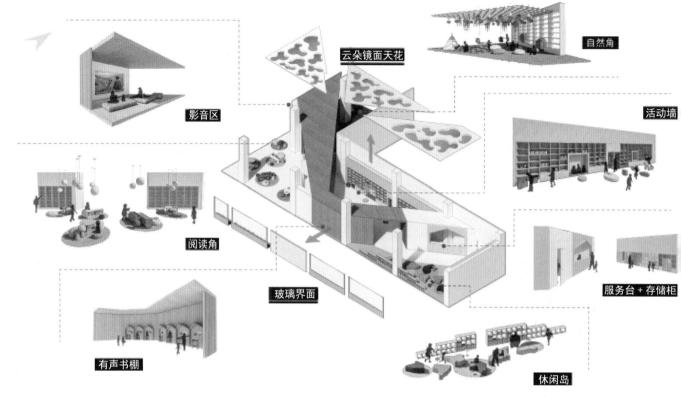

影音区

云朵镜面天花

自然角

活动墙

阅读角

玻璃界面

服务台 + 存储柜

有声书棚

休闲岛

2F 亲子阅览室轴测图

2F 亲子阅览室效果图

少儿阅览室

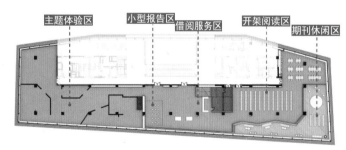

主题体验区　小型报告区　借阅服务区　开架阅读区　期刊休闲区

3F 少儿阅览室平面图

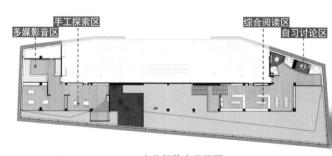

多媒影音区　手工探索区　综合阅读区　自习讨论区

4F 少儿阅览室平面图

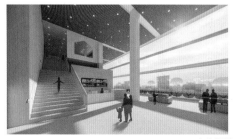

少儿阅览室效果图

亲子阅览室的空间设计思路是基于幼龄小读者们对于娱乐性需求大于实用性需求的考虑，从而衍生出了一个保证他们行动流线丰富性的 L 形通道，进而赋予被开放式通道切割而形成的三角区域不同的空间功能设想。

成人阅览室

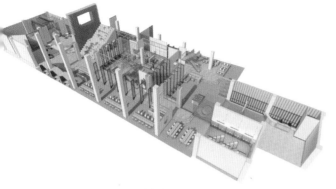

空间轴测图

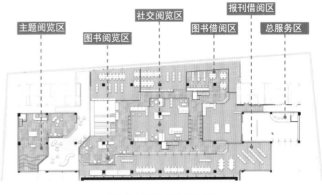

主题阅览区　图书阅览区　社交阅览区　图书借阅区　报刊借阅区　总服务区

5F 成人阅览室总平面图

该空间的灵感来源于苏州传统民居中的院落，天井与周边厅院的空间关系与图书馆中社交空间与阅读空间的关系有一定的相似之处。设计将天井空间构成体现在整个成人阅览室中，形成了四进式的空间结构，"先抑后扬"的层进式空间让每一进带来的空间感觉完全不同，能够让读者逐渐沉浸于读书的环境氛围之中，并有一种豁然开朗之感。

整体空间墙面采用水性硅藻泥和天然木质纹进行装饰，起到一定的降噪和保持室内空气质量的作用，主阅读区域以暖色调为主，并配以部分冷色系家具和绿植来缓解视觉疲劳。阅读共享区都配以可移动式家具和桌椅，方便人们讨论沟通。投影屏幕和白板也能方便读者更好地展示或探讨某个话题。社交阅读区以模块化的沙发组合家具为主，使整体的社交阅读环境较为灵活自由。

入口

图书借阅区

休闲类图书借阅区

服务大厅

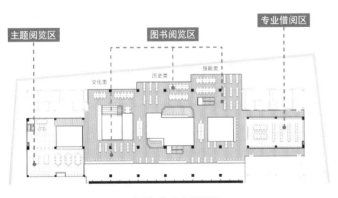

主题阅览区　图书阅览区　专业借阅区

文化类　历史类　技能类

6F 成人阅览室总平面图

社交阅读区

导师寄语

"纸间观照"是由三人联合设计小组完成的毕业设计作品。三位同学首先分析了图书馆室内空间现状，找到问题所在，并通过空间规划加以解决、其次通过对图书馆发展趋势的分析，确定苏州第二图书馆室内设计的整体设计概念——创造社交与阅读、传统与当代相融的沉浸式氛围，最后分头对重点空间进行了详细设计。城市客厅是整个图书馆的入口，除了展览空间相对独立，门厅部分是所有读者对图书馆的第一印象和重要体验空间。新阅览空间以"苏林""苏声""苏幕""苏场"四个新颖的形式，显现社交型阅读和本土化特点。二、三、四楼相关空间被规划为不同年龄阶段的儿童使用的功能区域，造型元素的应用使之与图书馆其他空间保持统一，而色彩和人机工程等因素则充分体现了少儿阅读空间的特色。成人阅读空间结合苏州传统天井式居住空间的格局特色，对空间进行立体规划，使之既符合功能需要又具有象征意义。方案的空间设计、色彩搭配、材质运用和家具选择协调统一。整个设计结构清晰、内容完整、图纸表达规范，有很强的表现力。

上海视觉艺术学院

禅养园——苏州西园养老护理院设计

指导教师：王红江
小组成员：徐佳宇　吴岸

评委点评

　　整个设计在功能和表达上充满了温情，考虑到了养老院与社会的互动，将养老院作为城市养老会客厅设计，是整个设计精彩的地方。设计需要在一些适老化细节处理上仍需深化，并结合一些当地文化进行思考。

作品展示

概念生成

　　大隐隐于市，小隐隐于园

　　大隐毋需归隐山林，躬耕田园，与世人隔绝，更高层次隐逸生活是在都市繁华之中，在心灵净土独善其身，找到一份宁静。

　　我们将这份"大隐"之心安放在烟火升腾的苏州市中心西园路，有车来车往的喧嚣，有居住人家的扫洒忙碌，有吴侬软语的家长里短；"小隐"在安静祥和又有着丰富生活的禅养园，不离世，却也能收获内心的平和。

区域设计

　　在一层的设计中主要设计了和咖啡厅功能结合的前厅，可以供老人与宠物互动的花园。餐厅的设计上考虑了使用人数，增加了隔层和电梯，设计了半开放包间和家庭厨房供老人和家人一起使用。在种植园中设计了半露天餐厅、海棠花坛、操作展示台，在这里老人可以尽情地一展身手。

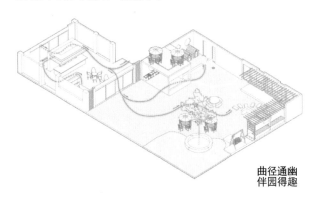

曲径通幽
伴园得趣

前厅

　　在入口处走廊墙面上设计了苏州园林特色窗洞，移步异景。打破常规的前台面向正门的设计，将园林特色拱门面向大门，让曲径通幽的园林美景成为第一感受。

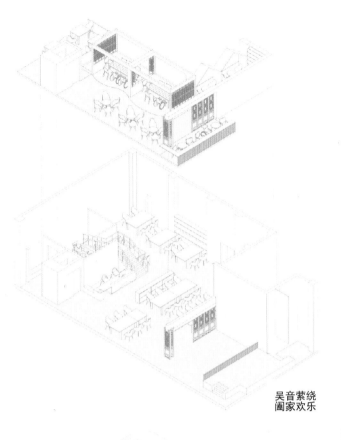

餐厅

由于餐厅本身层高餐位少，因此增加了二层隔层，考虑到方便老人上下楼增加了餐厅专用的电梯。在电梯口设置了可以临时休息的座椅、扶手，方便轮椅老人使用的按钮。在原本层高光照差的空间顶部设置玻璃吊顶增加人工灯光，同时给人以在院子中听戏看曲的场景。用简易的线条将传统的昆曲戏台简化，用具有苏州特色的园林窗花作为可以敞开的移门，使老人可以在这里享受苏州特色昆曲评弹。

吴音萦绕
阖家欢乐

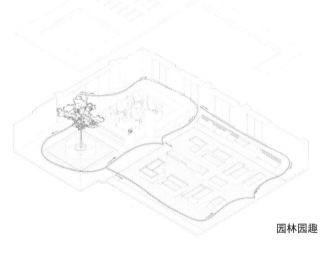

花园

设计了具有苏州园林特色海棠花形状的花坛。并在中庭周围设计了以江南传统建筑文化中的四水归堂顶，寓意美好的事物汇聚，希望老人健康充满活力。

考虑到部分房间紧邻花园缺乏私密性，增加了可以放置盆栽的窗台，同时设计了枯山水，给人以苏州常见的小桥流水人家之感。

园林园趣

二层生活空间

走廊　　　　　　　　　　　茶室　　　　　　　　　　　休闲娱乐区

导师寄语

充满温情的设计体现了同学们作为设计师的同理心，聚焦门厅、餐厅、活动室和卧室几个小切口介入，用苏州怀旧记忆线索串联空间设计，花园宠物社交角、餐厅多功能戏台、个人收藏展示廊是设计的几个亮点。希望未来继续保持对社会问题的敏感关注，并站在服务设计高度，对发现的问题加以空间设计的创新解决。

热点命题，纷显特色

华西区作品

西安美术学院

鲸落——昆明池生态科教中心设计

指导教师：翁 萌 张 豪
小组成员：齐 航 谢郑霖 肖依

评委点评

　　总体来说，该设计方案有几点可取之处：一是注重经络，利用海洋生物环境与自然现象，作为解题的入手点；二是方案将空间落实的比较具体，既有空间形象，又有空间功能；三是生态理念应用的比较好，从理论上来讲，一个好的自循环的生态环境中，人是可以不存在的，甚至人的行为、人的作用都可以降得很少。该方案的三个理念运用比较到位。另外也有一些不足，大的不足是在经络生态现象、基地室外环境或者生态环境和建筑方案之间的逻辑过于松散，缺少最根本的逻辑把它们串联起来。

作品展示

概念生成

　　以昆明池的历史文化为出发点，以时间对事物的影响为导向，并结合了鲸落这一概念，对建筑塑造了一个基本的轮廓。

　　鲸鱼死后沉于大海，在时间和微生物的作用下，其身躯逐渐腐朽降解，分解的养分可以构建并支撑一个相对完整的生态系统。这个过程长达200年的时间。以时间为单位，设计提出在单位上事物的发展过程，以40年为单位节点，考虑在时间因素下环境对于建筑的侵蚀，进而思考时间与空间的置换过程。

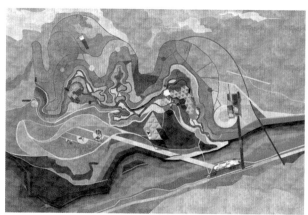

园区总平面图

园区规划

　　园区规划内的四个建筑节点，对应鸟、兽、植物、鱼。

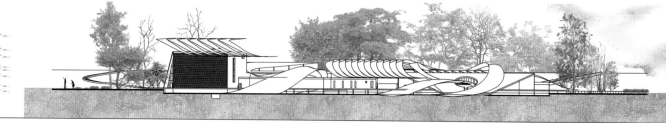

建筑剖立面图

时间与空间的转换
TRANSFORMATION OF TIME AND SPACE
鲸落 · 昆明池生态科教中心设计
DESIGN OF JINGLUO
KUNMING LAKE ECOLOGICAL SCIENCE AND EDUCATION CENTER

随着时代的发展，生态保护区的功能、形态和运营方式也在不断地革新，保护区内建筑的使用功能空间搭配和使用主体等也在不断变化完善。目前，国内外有关生态保护区内建筑设计的理论已有长足进展，但我国对于生态保护区内的建筑设计还处于起步阶段，在实践过程中存在着建造模式单一、盲目追求大尺度大规模的场所空间等问题，客观忽略了在时间尺度上建筑的变化性，严重缺乏长远的适应性。

因此提出生态保护区内建筑设计和建造过程中存在的问题；总结提出以绿色环保为主要目的，探究打造在时间尺度下具有极强适应性的生态保护区内建筑的设计策略和方法；并通过设计分析，探索一种科学的可持续发展的保护区内建筑设计模式。

建筑覆土后的形态展示

在建筑设计的过程中，还有一种比较概念化的意向，即采用表面覆土的建筑形态，将建筑物在地下构建，减少其对整体园区空间造成的割裂感，并探索密闭展馆空间的建筑可能性。另外，结合园区整体的三个阶段，将这个设想可视化表达，简单制作了其在第三阶段的效果图，用以表达人类退去后，自然与建筑相融合的状态。

通过对生态保护区、建筑和建筑的适应性等基础理论研究，深层次探究建筑的适应性理论在生态保护区建设发展过程中的应用。通过探究当下生态保护区内建筑设计和建筑施工维护过程中存在的相关问题，避免重蹈覆辙，从而使保护区内的建筑设计有更好的发展。提出以建筑长远的适应性为出发点设计的策略方法，避免盲目开发导致的资源浪费，探究保护区内科研建筑设计的新理念，思考设计、建造、运营三个阶段的适应性问题。以建筑的适应性为根本，总结归纳生态保护区内建筑设计的新理念，提出新的设计模式，从而促使生态保护区高效健康发展。

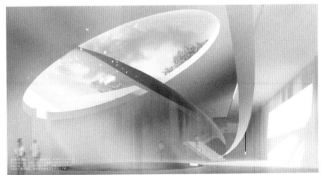

西安美术学院

铸末 C+ ——铸入时代记忆的
地下商业综合体设计

指导教师：张 豪 翁 萌
小组成员：路 庆 刘兴隆 经

评委点评

总体的叙述、方案和呈现是不错的，表达的丰富性、新颖性、饱满度，包括身体语言，以及追求一些外来的文化和元素，都是一种大胆的尝试。首先从手法上来讲，切入的解题没有问题，但在板块划分上，前面解读的是 20 世纪 50 年代的军工产业以及军工文化，但是在后面的 6 个场景中，植入的都是未来文化，整体有些断裂。其次是科幻植物的引入，在引入概念的时候，不仅仅是文字。科幻植物是什么？科幻植物不但对空气、光照、养分，甚至重力要求都不一样。植物环境和人物环境相差太大的时候，在落实上会存在较大问题。最后在工业类型的改造中，应该注重商业性、文化性的比重，方案要注意不能将文化过度地解读植入，强势的灌入，不管是视觉传达，还是空间构成、建筑界面方面，都不能把一个生态空间、一个绿廊做成博物馆，文化和艺术要点到为止。

作品展示

概念生成

本次设计基于幸福林带项目，是对该项目时尚商贸区 C 段的艺术化改造。希望利用其周边独特的人口、资源、建筑、交通、文化等区位因素来对其商业区进行一个艺术化的改造，尝试把地域特色的优越性带入到商业区域的开放性中去。

为适应新时代发展的创意型商业空间，在具体的风格上选择以科幻元素为主要设计元素，利用空间中的植物、摆件雕塑以及黑科技应用等烘托科幻的氛围，给人全新的感官体验。并在最后将人们拉回现实，可以让人们再一遍回味该商业空间的科技感，与现实感形成落差，从心理角度给消费者留下较深的印象。

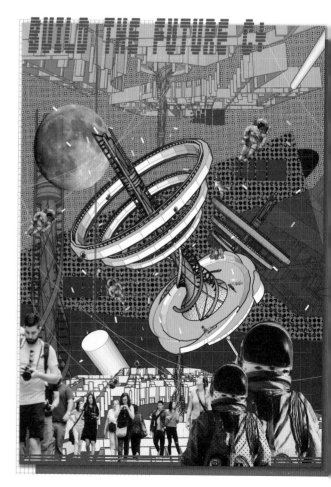

穿越区

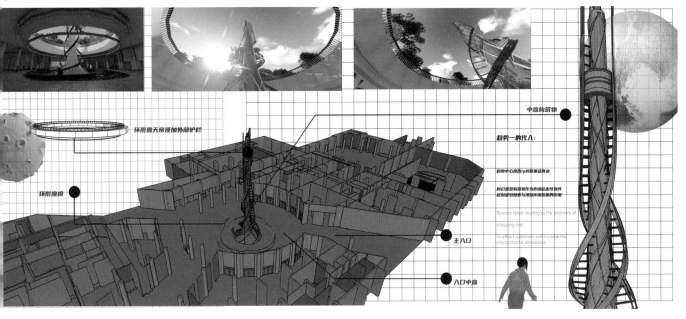

中庭构筑物

趋势一的代八：

构物中心应意ip构筑排绘商业

科幻造型构筑物作为商场标志性物件
较好的吸引顾客与增加环境氛围例作用

Science fiction building as the landmark of
shopping mall
To attract customers and increase the
environmental atmosphere

主入口

入口中庭

环形露天吊顶加外部护栏

环形座椅

科幻植物区

驿站补给区

互动娱乐区

休闲驿站区

现实区

　　通过创造性的内部空间设计方法，构想一种新型的商业空间，从而将艺术和当地文化以及项目特有的区位优势相结合，创造一个具有"独特文化体现，着眼当下又展望未来的场景世界"，使原商业区和军工文化特色凝聚成强大的商业艺术空间，为幸福带项目商业段区域带来全新的动力和发展模式。

四川大学

西安幸福林带文化商业综合体总体规划方案室内设计

指导教师：周炯焱　林建力　罗　
小组成员：王政宇　崔守铭　张耀
　　　　　李曼瑜

评委点评

　　该组学生抓住了平等、包容、合作的母题，抓得很准。对地下商业空间的想法，用切片的手段把历史和现代结合起来，具有技术的前瞻性，利用参数化设计解决空间切换，如此复杂、规模宏大的环境设计，总体很不错。

　　另外提一些问题，一是对于西安来说，因为是古都，宏大叙事的感觉就非常重，尺度也不平凡，建议同学考虑筑造方式；二是避免与舞台设计的区别，减少过多的叙事语言；三是在绿化方面要强调西安的本土树种，特别要注重本土和乡土树种的探讨，考虑到四季作用，这样才能和幸福林带真正有一个切题的对接；四是材料使用，要注意留白，过度打孔或装饰会对整体环境造成新的视觉污染，有一种压抑感；最后是夜景照明，在方案中可以继续加强。

作品展示

设计说明

　　通过对丝绸之路沿线文化的深入剖析，决定将文化与文化之间的渐变通过渐进的切片来表达，按丝绸之路"中国—中亚—欧洲"的顺序进行排列，其中包含了各种文化符号自身的渐变和不同文化、不同地域山河风景的变化。

特征提取

大唐长安：十三朝古都，丝路起点，其千年之历史，纳万国之物华，成东方之明珠。

敦煌：佛教艺术的殿堂，丝路西出玉门关之地，具有独特的地域韵味。

中亚：伊斯兰教信仰浓厚，伊斯兰风格的圆顶，高耸的宣礼塔，随着丝路文化传播，影响着亚欧大陆。

罗马：古代欧洲的经济、政治、文化中心，也是艺术的殿堂。

主题分区

特莱维喷泉　　　苏丹艾哈迈德清真寺　　　"列基斯坦"神学院　　　"列基斯坦"神学院　　　莫高窟

	欧洲		中亚		中国			中国
威尼斯	罗马	伊斯坦布尔	撒马尔罕		敦煌			长安

效果图表达——欧洲段

从古罗马的十字拱，到拜占庭的帆拱，再到伊斯兰建筑的拱顶，可以看出拜占庭建筑对伊斯兰世界的影响。而圣索菲亚大教堂作为拜占庭的传世之作，其拱廊的形式则同时具备罗马与伊斯兰的一些建筑特征。因此，在从中亚主题过渡到欧洲主体段的这个广场中，以切片的手法重现圣索菲亚大教堂的拱廊形式。

效果图表达——中业段

效果图表达——中国敦煌段

效果图表达——中国长安段

四川大学

长安一日——西安幸福林带
地下商业空间环境设计

指导教师：周炯焱　林建力　罗
小组成员：李可昕　张溱源　赵晨

评委点评

　　"长安一日"设计方案把时辰作为主线来带动整体设计的序列，有很强的文学性，这种创造能力和想象力的丰富性，值得表扬。设计有几个结合点值得肯定：一是时辰和幸福的结合；二是新唐风的意向和艺匠的结合；三是诗意化的结合。另外情景的结合、声光电的结合也都非常好，产生很多亮点。

　　十二时辰是个线性的东西，是变的东西，空间是不变的东西。变与不变之间的关系相当复杂。商业空间，作为一个未来需要为人的各种行为服务的空间，行为研究和业态研究非常重要，要再讨论再研究。在种植绿化方面，也要结合方案本身，考虑十二时辰情景式的再现。

概念生成

夕食——多功能复合区域

　　关于夕食节点的概念生成，通过分析该节点的空间布局，结合唐长安一日与丝绸之路的整体规划，同时联系唐朝时夕食用餐观舞的情境行为，提出了孔雀与霓裳羽衣舞的概念。用一对孔雀舞蹈来表现霓裳羽衣舞，使用模糊边界的手法，拓展人的视野，增加光照，使地上景观与地下商业空间产生关系，从而达到设计目的。

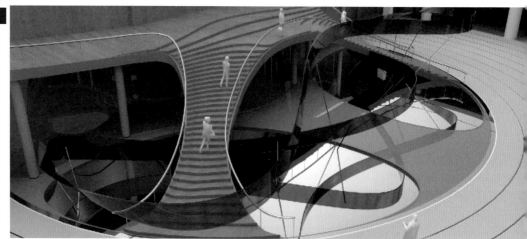

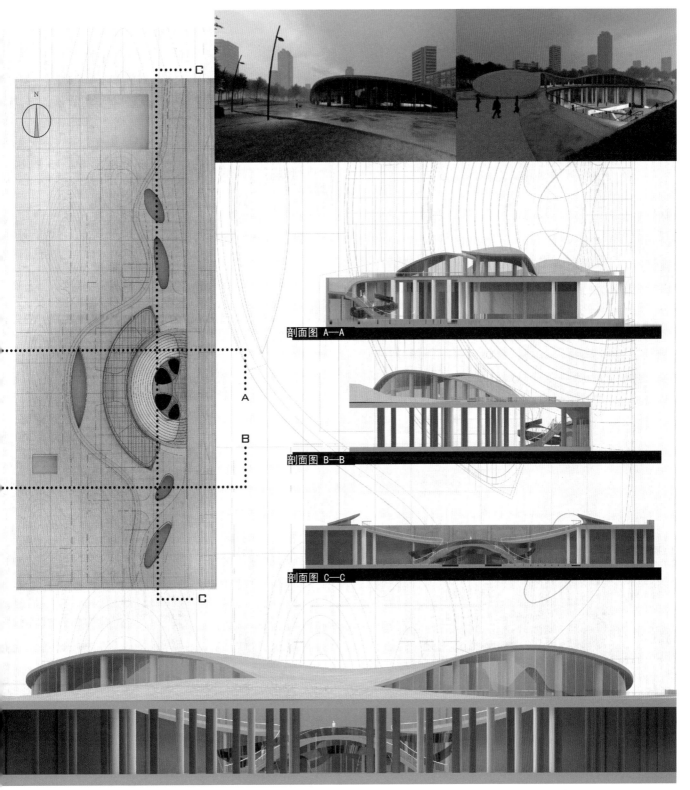

剖面图 A—A

剖面图 B—B

剖面图 C—C

晨钟声声，万物苏醒，长安一日自此开启。伴钟声迎破晓，仿佛回到一千多年前的唐朝百姓人家，里面是精心建造的庭院和对胃口的饭菜。在绿树浓荫处下棋、谈心、荡秋千、摆弄花草和懒洋洋享受新鲜的阳光。瓶中有酒，墙外是山，庭院一方，清欢一场。设计以唐长安城市规划与长安居民形制为灵感，结合现代材质与设计手法，通过分区设置景观装置引导游人参与多种活动，感受古人诗意的栖居。自敦煌壁画中的建筑提取色彩，与破晓之时的曙光天色相应和，营造恬静安然的氛围。

隅中——休闲餐饮

茶兴于唐，茶知冷暖。

临近中午，日光柔和，正是饮茶之时。若逢清风斜雨，声声入耳，竹色茶香，浑然忘忧。今日相约去竹林吃茶，尝尝那瓷白茶器里热气萦绕的清茶。翠色满怀，静心凝神之际仿佛透过斑驳竹影嗅得大唐盛世的一缕茶香"隅中"在古人对时间的命名中意为临近中午的时间，这段时间长安文人间流行举行茶会、茶宴等活动，因此将此广场定位为茶文化主题广场。从唐诗《与赵莒茶宴》与古画《十八学士图》所描绘的图景中提炼主题，向顾客传达唐代的茶文化之美。

酉时——便利商超

晓声隆隆催转日，暮声隆隆呼月出。

暮色四合，街鼓响起。人们回坊内。整个节点呈现日落的暖黄色调，主要提取坊门与暮鼓的元素，展现长安街道即将结束一日喧闹的时刻。

此处，三面均为楼梯，主要担任交通功能。因此在这里设置趣味性的旋转楼梯，并为匆匆来客提供便利的自动贩卖机。

日曛——娱乐休闲

五陵年少金市东，银鞍白马度春风。落花踏尽游何处，笑入胡姬酒肆中。

日曛，周边的商业业态以轻餐饮为主，灵感提取来源于李白诗句："五陵年少金市东，银鞍白马度春风。落花踏尽游何处，笑入胡姬酒肆中。"以互动式和沉浸式营造空间氛围。通过氛围营造设计语言物化唐朝时士人偏爱胡人酒肆的习惯。将商业业态与空间氛围相结合，打造现代版"胡人酒肆"。提取充满异域风情的拱廊进行抽象变形，又将拱廊与唐朝人偏爱的屏风相结合，生成富有节奏感的立面。把诗句中的场景韵味带到现实生活中。

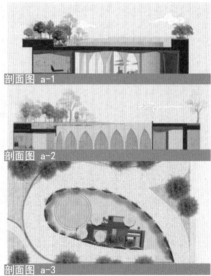

剖面图 a-1

剖面图 a-2

剖面图 a-3

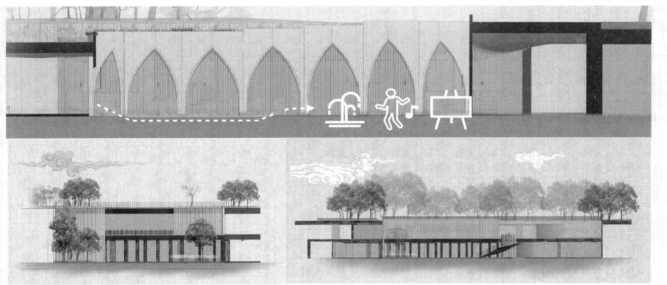

人定——轻餐饮

人定月胧明，香消枕簟清。翠屏遮烛影，红袖下帘声。

表现出古人宵禁之后，躲在自家小院里的人们，在朦胧的月光下，望着灯笼里烛火微明，树丛里萤火虫闪闪，享受着偏安一隅的舒适与美好。以沉浸式体验策略表现，以"景""声""情" 三个方面进行沉浸式场景交互。

西安交通大学

菩提幻境——西安幸福林带
地下商业综合体室内空间设计

指导教师：张伏虎 吴雪 赵兴
小组成员：张晟祎 陈旭 段

评委点评

设计者从丝绸之路选取了三个文化典型作为场景设计的立意，包括丝绸之路、沙漠绿洲、海市蜃楼。设计方法和设计思路上比较好。前期分析中，对基地周边环境的分析和对通风和材料的选择比较到位。方案需要注意三个问题：一是公众的认同问题，沙漠绿洲是一种希望，而海市蜃楼是一种绝望，把这两种对立的认知设置放到统一空间里，提出来的东西公众认同不认同；二是实现性，项目能不能落地，要从建筑、空间、落地三个要素考虑；三是设计造价的问题，目前的设计结果可以落地，但造价太高，希望未来学校在培养人才的时候，能加入造价设计的概念。

作品展示

设计说明

设计理念来源于对地域文化、历史溯源和城市发展趋势的探究，提出了城市升维形态下交互共生的设计思路，通过现代科技手段声、光和电，将自然景观几何图形意象化展示，实现从沙漠秘境走向海市蜃楼的不同场景转换的效果，构成了"一花一世界"的菩提幻境，将人们带入科幻现实世界。

元素提取

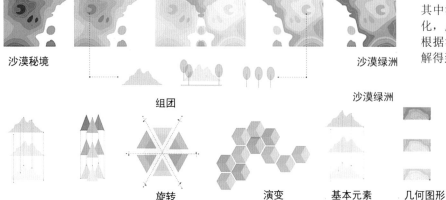

沙漠秘境 　　　　　　　　　　　　　　　　　沙漠绿洲

组团　　　　　　　沙漠绿洲

旋转　　　演变　　基本元素　几何图形　曲线元素
　　　　　　　　　沙丘　　　沙漠纹理　提取

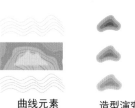

造型演变　叠加组合

为了营造不同的场景氛围，进行元素解构，其中沙丘作为主要的设计形式，将沙丘二维平化，用基础的几何图形意象化表现产生新元素，根据沙丘起伏的程度，勾勒等高线形态，二次解得到曲线造型，在后续设计中有具体体现。

场景一：设计提取了沙的流动性和丘的起伏感作为设计意象。将其倒置于顶面，通过体量的增加，形成强烈的设计视觉冲击，作为主通道功能，造型设计位于顶面和上层空间不影响室内商铺的展示和人流动线流动的曲线。整体空间设计中，在顶面应用 LED 电子显示屏，将文化图像、丝路文化和历史等均投入到屏幕中，达到文化传播的目的，也增强了人与空间的互动感。

场景二：设计灵感来源于山的形态和丘的绵延，将原有的空间与绿洲生态元素进行融合，有序的艺术化装置设计打破了原有呆板的空间形态，借助现代化的科技手段，将体验者与空间互相联系，形成一个多维度、立体化的全新空间。让体验者在游走、发现中体验和感知自然，感受场景带来的无限乐趣。应用现代化的不锈钢材质，加之不同时间段灯光的作用，使整体设计更加具有现代科技感。

场景三：将人们憧憬、联想的虚幻空间真实显现，提取设计元素六边形，通过旋转、组合和叠加的方式，将二维图形三维立体化，应用沙丘的起伏感，进行倾斜和弯曲，构成三层不规则、不完整的空间架构。将光影效果折射、反射于地面，形成独特的地面铺装纹理，营造出一种若即若离、若虚若实的空间氛围。

室内商业效果表达

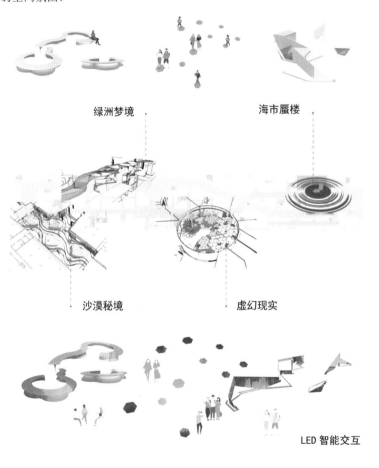

绿洲梦境　　　　　　　　海市蜃楼

沙漠秘境　　　　　　　　虚幻现实

LED 智能交互

设计应当着眼于服务人群需求，注重空间与人的互动性，同时在最大程度上与现在的实践需求相结合，具有可实施性，符合当代商业空间的设计需求。选择自然元素表现丝路文化。人造的事物终究来源自然，所以在设计中将自然的概念返还于现代商业中，让人们在现代商业空间中返回自然、返璞归真。

设计结合了人工智能和现代科技手段，增加了商业空间的互动性，在每个主题节点中分别增加了智能交互调节座椅、LED 地砖块和屏幕。当体验者来到此处时，呈现给他们的是一个极具时尚和科技感的空间。同时结合我校理工学科优势，利用编程开发智能导航系统设计并应用于商业体中。人们可以通过手机扫描二维码或者轻触 LED 界面，更快速、便捷地找到自己需要的商品、店铺和车辆等。

西安交通大学

衍续——西安幸福林带地下商业综合体室内外方案设计

指导教师：张伏虎 吴雪 赵兴
小组成员：陈静 尚楚耀 林秋

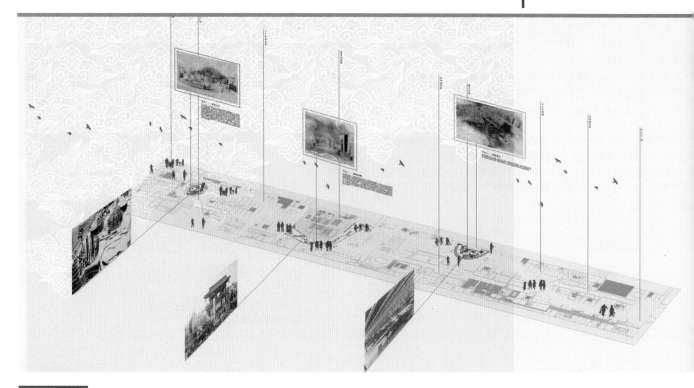

评委点评

方案提出三个文化场景——萌芽发展、辉煌巅峰和涅槃重生，并将其布置在5.8km长的路段上，基本做到了项目地段主体功能与项目主题相配合。在挖掘幸福路特色时，要特别注意林荫大道这个文化特征。幸福路是一条运用了国际林道的概念形成的道路，要继承两点历史文化特征：一是将绿色与生态观念切入城市；二是与人结合，承载老百姓市民散步休闲的功能。

方案的文化立意很不错，但在与文化立意相对应的空间造型特征方面，还不够深入，只侧重材料，而忽略了材料构成的形态。另外在室内空间布置方面，目前更加注重节点空间，也应当关心过渡空间。如何在带状空间中将人引入精彩的节点空间，形成流动性，在之后的实际工作中，要继续加强对整体设计的解读和深化。

作品展示

概念生成

历史是一座城市的成长历程，西安这座历史悠久的城市有着一段丰富而曲折的成长经历，她从远古半坡先民开垦荒地开始，便逐渐成长，直到唐朝成为世界的中心，达到鼎盛辉煌的巅峰。黄巢起义的大火烧尽了盛世云烟，长安自此再也无法成为"帝都"，从此走向衰败。到了近现代，她抓住机遇以重工业、军工业的发展为契机，重新开启现代的新生。而今作为丝绸之路的核心起点，终将以崭新的形象，重新在国际大舞台上展现全新的面貌。本设计通过对西安古城的全新诠释，赋予传统文化新生，使其连接过去通向未来，让厚重的历史感在新的时空和秩序中焕发出新的时代魅力，在商业价值上体现出更为深刻的人文精神。

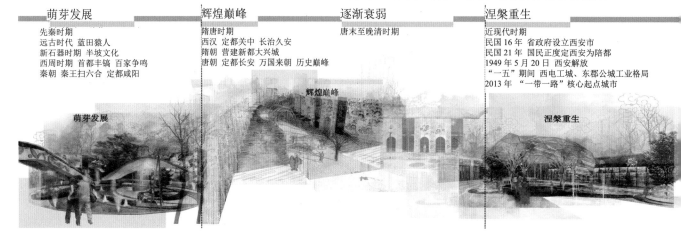

萌芽发展	辉煌巅峰	逐渐衰弱	涅槃重生
先秦时期	隋唐时期	唐末至晚清时期	近现代时期
远古时代 蓝田猿人	西汉 定都关中 长治久安		民国16年 省政府设立西安市
新石器时期 半坡文化	隋朝 营建新都大兴城		民国21年 国民正度定西安为陪都
西周时期 首都丰镐 百家争鸣	唐朝 定都长安 万国来朝 历史巅峰		1949年5月20日 西安解放
秦朝 秦王扫六合 定都咸阳			"一五"期间 西电工城、东郊公城工业格局
			2013年 "一带一路"核心起点城市

萌芽发展

辉煌巅峰

涅槃重生

设计表现

场景一：萌芽部分

设计以经过提炼后的仰韶彩陶文化图案为地面装饰的主要元素，这一时期，鱼纹和曲线是陶器上的主要纹饰。在空中悬挂"鸟笼"，内部用 LED 全彩屏营造商场主题，在"鸟笼"下方投影出不同图案，增添广场趣味性。在一个"鸟笼"下，人群相对聚集，减少人与人之间的距离，消费可能性也增大。全彩 LED 显示系统随时更改主题展示屏和投影，不会让人很快丧失新鲜感。发展前景明朗，性能稳定，价格合理。空中鸟的模型采用主动红外工作，此模式具有稳定性好、绿色节能照明、红外解码模式等特点。当消费者走进广场时，通过红外传感器或地心引力传感器，在踩在空中鸟的模型的投影中，相对应的空中的鸟会亮起。人流随着方向行走时，空中的鸟也随着发光，营造一种鸟在空中飞向鼎盛主题地段的意象。

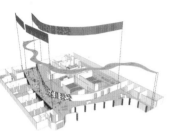

 提取
 汉服祥云

运用
 城墙门洞

简化
 丝绸之路

场景二：鼎盛时期

在平面布局中，街道小品的作用是不言而喻的，在商业步行街上既能有效地展现地域文化特征，又能在功能上增强步行街与人们之间的亲和力以及参与互动性。

"细节决定成败"，在幸福林带商业步行街的设计中，设计者根据"城墙门洞"的形式，将这个地域文化元素简化抽象，把多个建筑结构相互组合，形成商业步行街中的长廊；步行街路灯选取了一些设计较为简约并属于中式风格的造型，能够很好地营造出本项目地域文化气息；在街道地面设计方面，商业步行街选用了丝绸之路地域文化元素，将丝绸之路的地图路线提取出来运用夸张的设计手法处理在地面上，形成蜿蜒的曲线，给人一种流动的美感；再在流动的曲线铺装内设置祥云纹样的 LED 夜灯加以点缀，既起到夜晚照明的效果，也能与墙面相互呼应。

场景三：涅槃重生

这是一个露天中庭，也是一个趣味性较强的空间区域，空旷的区域适合人流的集会，在位置上也适合作为整个故事主线的收尾节点，在这个部分，故事结构上将进行大体的收尾，内容主要表达长安在唐末后经过一段时期的没落之后，在近现代涅槃重生并朝向未来不断发展的故事。

树池的形态以半个球体为原始形态，再对它进行分离拆解，塑造出种子发芽破土而出并撑开地表土壤时使原本光滑整齐表面破碎裂开的动态感，并以金属不锈钢作为材质进行展现．将树枝加以概括抽象化塑造成简单的形体造型，形成虚与实的对比，同时营造出经过重生与茁壮成长之后具有未来感的树的形象。

云南艺术学院

溯洄·垄上——昆明池入水口遗址及引水渠滨水空间设计

指导教师：杨 霞 彭 谌
小组成员：王 爽 施海葳 郭晓
可凯勒 郑雅馨

评委点评

本组方案项目定位到位，方案全面，对水口文明、历史故事、文化脉络都有考虑。昆明池水体水质改善专项设计是本次方案的一个亮点，重要节点效果图的展示也有特点。注意考虑农耕文化中水体是本、朴野作风的精神，尽量减少人为工业文明的建设，并加强河道内的景观布置，从堤上到水面都要做考虑，强化这方面的设计。

作品展示

设计说明

本次设计围绕自然生态、休闲娱乐、历史文化、因地制宜4个方面，规划了一条城市生态绿色廊道；以昆明池的悠久历史文化为背景，从"牵牛织女"追溯到"星宿"和原始社会的"农耕文明"，把"农耕"作为本次设计的主题构思，以大地景观为主要表达方式，让人们感到质朴亲切。

设计构思

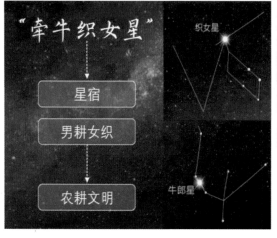

"追根溯源"

昆明池 —源头→ 引水渠　牵牛织女 —起源→ 农耕

元素：

日　牵牛星　月　织女星

· 牵牛星、织女星：男耕女织不仅是农耕文明的劳动分工，也是农耕文化形成的基础。
· 日、月："日月之运、四时之变"，日、月代表了周而复始的四时变化，隐喻万物生长。

"月"
"织女星"
"日"

月——朔望

"无月为朔，满月为望"
· 朔日：初一为新月
· 望日：十五为满月以
此来代表月相盈亏的变
化周期。

织女星——穿梭

· "梭子"为织女的法器，
传统织布工具。
在传统织机上作为"经
线"穿梭于"纬线"之中。

牵牛星——击壤

· "击壤"代表了农耕
文明中，男耕女织，自
给自足的生活方式。

日——问天

· "问天"是人们对宇
宙的探索，也代表了古
代祭祀活动或观星象时
与天交流表现出的"神
仙思想"。

总体方案

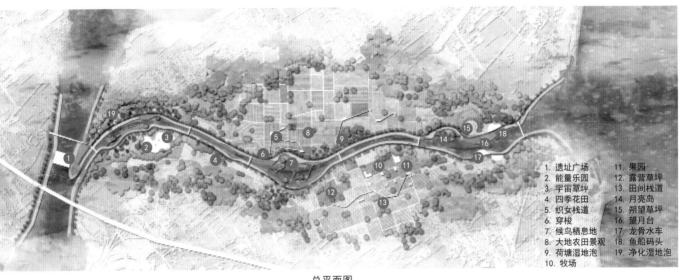

1. 遗址广场	11. 果园
2. 能量乐园	12. 露营草坪
3. 宇宙草坪	13. 田间栈道
4. 四季花田	14. 月亮岛
5. 织女栈道	15. 朔望草坪
6. 穿梭	16. 望月台
7. 候鸟栖息地	17. 龙骨水车
8. 大地农田景观	18. 鱼船码头
9. 荷塘湿地泡	19. 净化湿地泡
10. 牧场	

总平面图

概念鸟瞰

景观结构

大地景观为主，以河道为生态轴贯穿4
个主要节点及多个小节点。

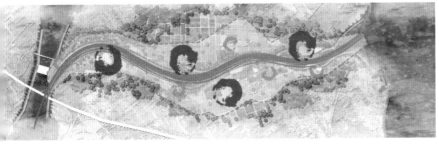

 大地景观

生态轴

次要景观节点

主要景观节点

分区设计

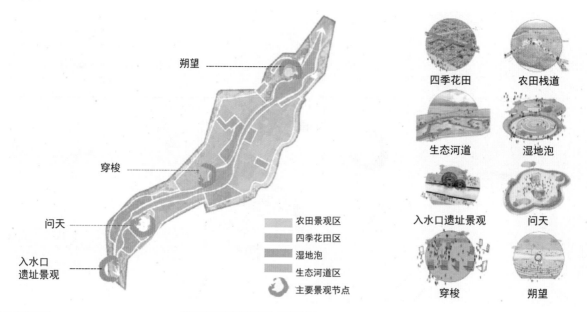

朔望

穿梭

问天

入水口
遗址景观

农田景观区
四季花田区
湿地泡
生态河道区
主要景观节点

四季花田　　农田栈道

生态河道　　湿地泡

入水口遗址景观　　问天

穿梭　　朔望

农田景观区

· 在现状农田中散植树木的节点引入慢行系统设置休闲坐凳，供人休息和观赏。

· 在现状河道旁种植经济水生植物，可提供游人采菱、挖藕等体验性活动。

· 经济林中增加漫步道，形成果蔬采摘区，增加空间体验感，为农民创收。

· 在不同层级、不同高度设置休憩节点，供人休憩观赏。

四季花田区

生态河道区

湿地泡

入水口遗址大型水车

穿梭互动屏风

问天娱乐广场

亲水景观

导视系统

"掌握季节，不违农时"，专项设计以二十四节气为切入点，从古至今节气与农业都有着千丝万缕的联系。把二十四节气的名称以符号的形式置入导视系统，造型简洁，给人以质朴之感。

材质：

花岗岩　防腐木

导视系统一　　植物科普　　导视系统二

导视系统三　　垃圾桶　　休闲座椅

导师寄语

这个不寻常的大四下学期，一切都在线上进行，线上指导，线上讨论……少了面对面的亲切，却多了些许不平凡的回忆。作为指导教师，见证了同学们"线上"成长，虽然沟通不便，虽然设备不足，他们仍然以饱满的热情和充分的努力为这次毕业设计递交了满意的答卷，为昆明池留下了《溯洄·垄上》这个作品。同学们的人生刚刚起航，未来有太多可能，不论有什么样的际遇，希望五位同学像这次毕业设计一样始终充满热情，竭力而无憾。

兰州理工大学

商·旅——西安幸福林带商业综合体室内环境总线设计

指导教师：王 勇 师 容
小组成员：许 诚 姚慧君 武新怕
胡嵘萱

评委点评

室内设计一定要从整个城市规划、城市设计、城市历史地域文化等方面来理解和把控。幸福林带在城市建设中有着举足轻重的地位，意在复兴东城区的繁荣。要给东郊的百姓工人幸福感，归属感、自豪感、获得感、体验感。

本项目要考虑地面地下、室内室外、空间氛围还有文化植入等方面。兰州理工大学前期这方面的分析工作做得非常好。后期考虑如何把片区军工记忆代入其中，融合项目，吸引西安本地居民及其他地方游客。漫画形象"丝宝"也很有趣味，传统文化还是需要老百姓喜闻乐见的一个形式传达，以人为本出发来做设计。

作品展示

IP 形象设计

根据西安特有的文化底蕴，创造具有唐代特色的女性 IP 形象"丝宝"，以"丝宝"为主人公，结合丝路自然环境，串联推动故事情节的发展，重现丝路情景，立足当代以及未来人类的共同诉求点，以传递"健康体验"信息为目标，构建新时代背景下"丝路新历程"，最终以中国式含蓄的理念体现"丝路新说"的故事总线。

服饰元素 头饰

丝绸故事、丝路新说分析

以"丝宝"形象剧情化的方式，漫画趣味演绎古代丝路商品传递过程中人们与自然环境斗争的艰辛与不易，与今天商品传递过程中人们与自然环境和谐共处的悠闲与自在作强烈对比，提示人们珍惜现在的美好生活，突出幸福的空间氛围，提倡健康理念。

体育娱乐区　　　　　　　　时尚商贸区　　　　　　　　文化餐饮区

化主题分区

　　空间分为三大区域，ABCDEF 6个区段。设计元素选取丝绸之路中国段的自然景观为依据，提取丝路上的不同风景作为总线不同区段主题，西安至新疆共区分为6段：植物、山川、戈壁、沙漠、冰川、风水，代入到各区段空间，进行设计表达。

体育娱乐区　　　　　　　　时尚商贸区　　　　　　　　文化餐饮区

植物景观　　山川景观　　戈壁景观　　沙漠景观　　冰川景观　　风水景观

　——植物景观区　　　　　B 段——山川景观区　　　　　C 段——戈壁景观区

　——沙漠景观区　　　　　E 段——冰川景观区　　　　　F 段——风水景观区

导师寄语

　　借此机会和同学们分享想法与设计观念，实在是难得的荣幸。"设计" 这个词汇，使我们展开广阔的视野，感受万物所蕴含的深度、宽度与广度。在不同人生背景与分析视角的碰撞中，激发了我们巨大的想象力。设计的过程充满魔力，我们不得不学会从技术性解决回归到初心本源，最终试图保持初始的信念，在与现实的博弈中寻找理想主义的归宿；在设计层出不穷的挑战中，建造属于自己的世界。

兰州理工大学

商·旅——西安幸福林带商业
综合体室内环境分线设计

指导教师：师 容 王 勇
小组成员：郑 璇 赵 娇 王 ?
牛 萍

评委点评

这个设计作品除挖掘传统文化之外，还提出了一个非常具有现实意义的方案，后期可以考虑其与商业地区的结合。

该组方案的分析，从各空间的环艺设计来讲，整体的效果表达采用插画风，结合动漫形象"丝宝"，比较有意思。但是从项目实际落地角度来说，在环境氛围、空间尺度、材料使用上还应该再整体考虑把握。

作品展示

设计说明

设计范围为 C2 段，以丝绸之路中的自然景观——戈壁作为设计元素。以戈壁中的裸岩、砂石、植物、动物等不同的意向作为设计点和思路表达，加以古今丝绸之路的对比以及唐代女性形象"丝宝"的故事性串联，突出幸福的空间氛围，打造以家庭为主的商业综合体空间。其中，根据文摘诗词提取主题词汇，系统趣味地解析了"戈壁景观"的故事文化内涵，如"大漠孤烟直，长河落日圆""大西北正待开发，新世纪钟鼓齐鸣，看阳关交汇大道，送飞天飞入太空。新绿洲冒出新城，戈壁滩梦想改名"。以此充盈整体故事链，丰富设计内涵。

空间形象运用

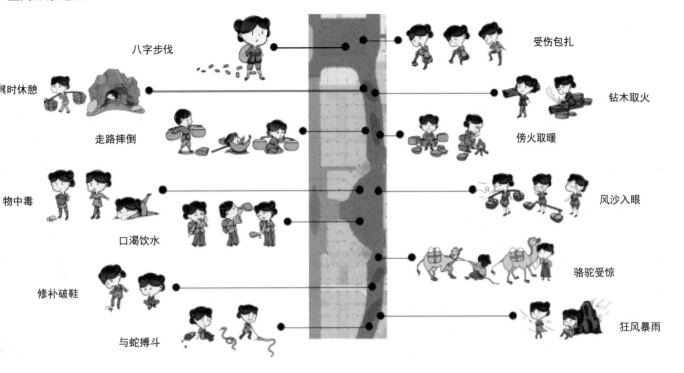

八字步伐

受伤包扎

临时休憩

钻木取火

走路摔倒

傍火取暖

物中毒

风沙入眼

口渴饮水

骆驼受惊

修补破鞋

与蛇搏斗

狂风暴雨

效果图表达

方形广场

休息区

拱形廊架

戈壁元素肌理景墙

半圆形广场趣味滑梯装置

天井区域镂空骆驼雕塑景观

导师寄语

在本次毕业设计中，同学们能带着问题收集材料，自己思考并回答设计中的问题，用合理的设计语言表达效果。希望通过本次活动能看见你们的成长，望良好行为能延伸到今后的学习生活当中去。

西安工程大学

"迹"忆街厅 5020

指导教师：胡星哲

小组成员：王 栋 何 佩 王 雨

嘉宾评语

这组设计有着鲜明的个性特点，设计者找到了片区对于军工文化的准确定位，利用特色文化定位，将幸福林带的主要受众人群定位为老一辈和新一代的工人居民，抓住了幸福林带的历史价值，突出了本次设计的亮点。另外，下沉广场的景观营造注入了工业文化的特质，这是有利于幸福林带特殊商业群体的设计定位。将特殊的文化氛围体现在整个幸福林带的历史记忆中，这一思路值得肯定。

作品展示

设计说明

西安作为西北经济文化中心，建设发展日新月异，东郊区域文化氛围却逐渐消逝。在对东郊韩森寨一带走访调研后，我们发现西安市民对东郊最主要的印象来自工业遗产文化和 20 世纪 60 年代街巷与"集"的氛围，而如今城市拥挤，传统的商业综合体受到了互联网经济的冲击，片区商业失去活力，商业空间需要随着变化而改变。如何在空间设计中反映城东地区民俗、文化、特色，讲好东郊幸福故事凸显空间内地域文化特性，就成为此次设计的重点。我们希望可以创新地展现出东郊老一辈记忆中特有的"集"的商业形态：予人以幸福感的商业空间，将"现代都市"与"厂区氛围"结合，将东郊厂区"集"更好地延续，设计出既有都市之感又能让人重拾记忆的东郊厂区。

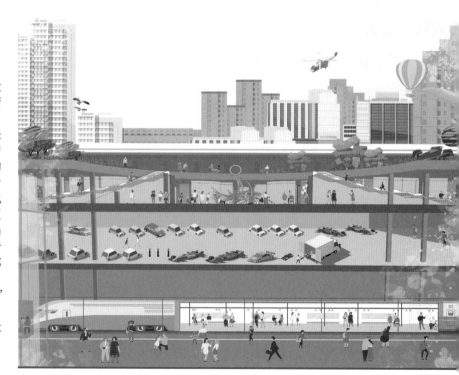

效果图

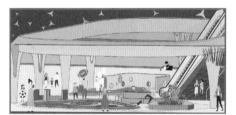

儿童游戏区

游览互动区

休憩区

打卡互动区

导师寄语

　　"6+"联合毕业设计给予同学们创意飞翔的天空,同学们在毕设过程中展现出对设计的挚爱和追求,真诚地希望同学们毕业后都能找到属于自己的那一片天空,在社会和企业中通过更多的锻炼来实现自己的价值,成就自己的梦想。

西安工程大学

昆明池入水口遗址及引水渠滨水空间景观设计

指导教师：郑君芝

小组成员：刘　浩　牛文宣
　　　　　刘周金梦

评委点评

设计前期调研和背景分析研究很充分，值得肯定。设计思路以生态保护为主，符合项目定位。设计亮点：一是对滨水空间湖岸设计比较好，各种渠道、各种不同的自然园路和滨水空间结合非常到位；二是植物设计多样化，根据不同区段的特色配置，层次丰富。同时提出几点问题共同探讨：一是如何深入体现遗址及引水渠的内涵，种植和绿化设计如何更好地贴合设计主题；二是如何在昆明池入水口这样一个特殊的景观地带上，营造保持遗址特色的滨水文化，这点非常重要；三是滨水空间设计如何把握好水面和园路、空间的节点以及堤顶路等空间的关系；四是如何提升项目认知，解决设计主要问题，引发业主共鸣。

作品展示

项目解读

设计立意来源于水的自然堆积和水的冲刷元素。渠：水道，特指人工开的河道或水沟，渠首的作用是分流水、引水的作用。长安虽处内陆，但水文化甚多，《上林赋》中曰："荡荡乎八川分流，相背而异态。"描述了渭、泾、沣、涝、潏、滈、浐、灞8条河流在汉代长安上林苑的巨丽之美。另外还有郑国渠、龙首渠、八惠渠等诸多水利设施。

渠首公园设计

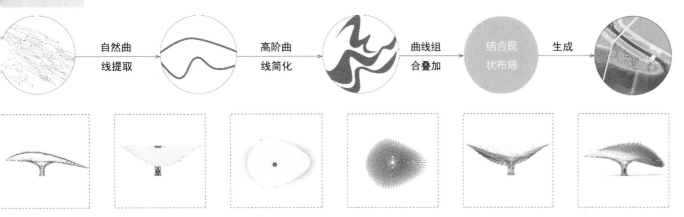

自然曲线提取　→　高阶曲线简化　→　曲线组合叠加　→　结合现状布局　→　生成

吹浪亭位于分水口三角洲首，与中心广场相接。设计立意来自"石鲸吹浪隐，玉女步尘归"。吹浪亭兼具休闲、观景与生态教育的功能，采用参数化设计，现代元素表达，新型视觉效果，为环境增添了一份诗意。 在中轴广场上设置鲸鱼尾景观装置，表达石鲸翻江倒海吹浪的意象。

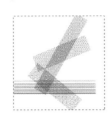
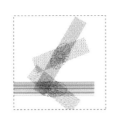

为了与吹浪亭相呼应，打破中轴广场的空旷感，增强人与场地的互动性，设置鲸鱼尾景观装置。人们可以在其下乘凉、拍照等。

雨洪系统设计策略

蒸发
蒸发　　　　　蒸发　　　　下渗
沉淀　沉淀　　　　　　　　　引导径流
引导径流　引导径流　引导径流　引导径流　　　　水位线　　人工湿地　引导径流
滤下渗　过滤下渗　　过滤下渗　　过滤下渗　　　　　　　　　　　过滤下渗

设置自行车道游步道，可选择同出行方式、游方式和运动方式。

水面布置亲水栈道，增强人与水体间的互动。

滨水平台是最直接与水体产生关联的观景步道之一。

构建复合观景平台，建立不同高度的观赏空间，带来不同高度的空间体验。

构建生物群落湿地空间，人工干预促进生态恢复。

休闲步道兼具交通功能和贯穿河道空间与田野景观的作用，满足游览、健身需求。

田野　休闲步道　绿化隔离　绿化隔离　休闲步道　机动车道　堤坡　滨水道路　亲水平台　　引水渠　　滨水道路　观景栈道　休闲步道　绿化隔离　绿化隔离　休闲步道　机动车道　田野

热点命题，纷显特色，联合指导，服务需求

华中区作品

华中科技大学

无限社邦——武汉新邻里关系下居住建筑共享空间设计改造初探

指导教师：王祖君　白舸
小组成员：夏子樱　徐彤

评委点评

　　该组同学的设计整体不错，整体逻辑和思路比较清晰，有一定的创新且完成度较高，作品中传达出来的主题意蕴值得认可，很好地体现了华科严谨的教学特色。前期的调研分析完整且充分，在设计上提出多元化邻里关系共生共荣的理念也符合大主题，在空间上可以看到利用很多弧线形以及连续折线形的拱门打破原有建筑的方正与局限性，材料与色彩运用高级，符合架空层的场所设定，设计细节上也有亮点，方案总体很完善。但在主题魅力的表达方面稍显不足，略显程式化，影响了作品的整体呈现，标题不够明晰，以至于设计想表达的本质内容不够明确。后续可以在区位、人群、现状几个层面进行更简洁、更有针对性的提炼设计，继续深化方案。布局稍显浪费，重点不够出彩。在设计细节方面，要在亲和力上要加以注意，可以适当增添色彩。

作品展示

设计愿景

　　提出"无限社邦"——无限和简化的乌托邦的概念，指代共创。共创本身即是有无限种方式的，设计将此空间中的无限共创分为功能、情感、生活与文化四个方面，在设计过程中逐一呈现。

空间草图演变

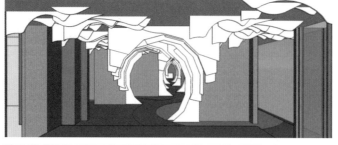

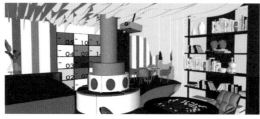

平面图

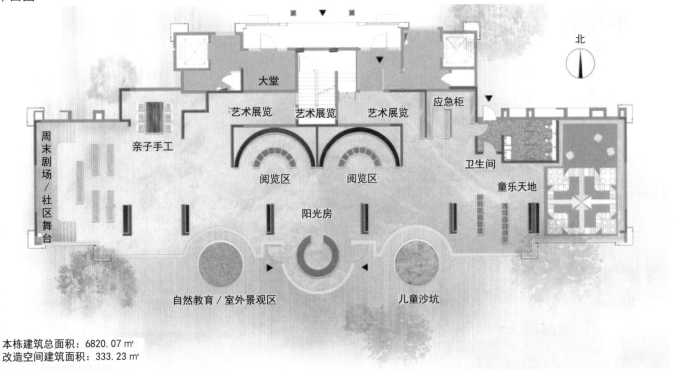

大堂

艺术展览　艺术展览　艺术展览

应急柜

亲子手工

阅览区　阅览区

卫生间

周末剧场／社区舞台

阳光房

童乐天地

北

自然教育／室外景观区

儿童沙坑

本栋建筑总面积：6820.07 ㎡
改造空间建筑面积：333.23 ㎡

设计成果

鸟瞰效果图

室外效果图

节点效果图

导师寄语

　　两位同学的设计方案具有一定的创新性，"共创共享"主题结合了"无限可能"概念，梳理了实体空间和疫情防控的需求，并从功能、情感、生活、文化等方面出发进行具体设计，在解决空间问题的基础上，对概念进行推演，打破建筑灰空间的"地下室"错觉，改变剪力墙的视觉形态，用折线拱廊产生视线变化，打破原有建筑的方正与局限感，针对室内外的过渡，有意模糊室内外的界限，使室内外融合，也在一定程度上打破了人与自然的隔阂。设计能够针对疫情进行思考，如设计了快递无接触收货装置，值得鼓励；设计分析逻辑清晰，有理有据。但在设计表现细节与深度方面还有不足，希望能在未来的设计中做得更加完善。

华中科技大学

梦华书院——湖北交投武汉产城华园社区图书馆室内外设计

指导教师：王祖君　白　舸

小组成员：申晓彤　叶萌锞　陈轶

评委点评

　　该组同学从文化传承和"交流与慢生活"两个核心主题出发，形成一种充满文化韵味的社区图书馆设计，在空间设计、家具、层次设计等方面都是把握得比较好，整体比较全面。但如何将概念思路与设计更紧密地联系起来，是后续需要深入思考的问题。室内与室外巧妙结合，是设计的一个亮点。通过分析场地条件，合理设计出能够快速落地的方案，充分延展了狭小空间，如果在细节上进行深化，会有更好的设计效果。设计内容比较全面，设计思路的出发点符合社区文化，方案成果也很完整，如果能在设计中体现出特色，突出不同功能空间的布局和文化元素应用会更好。

作品展示

概念生成

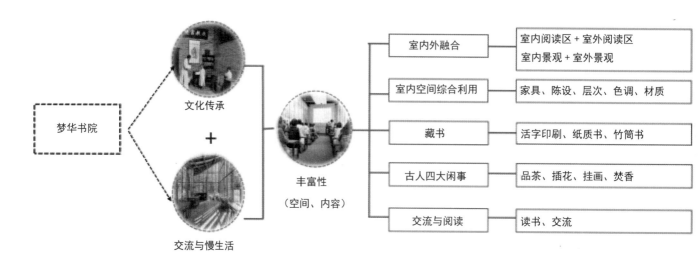

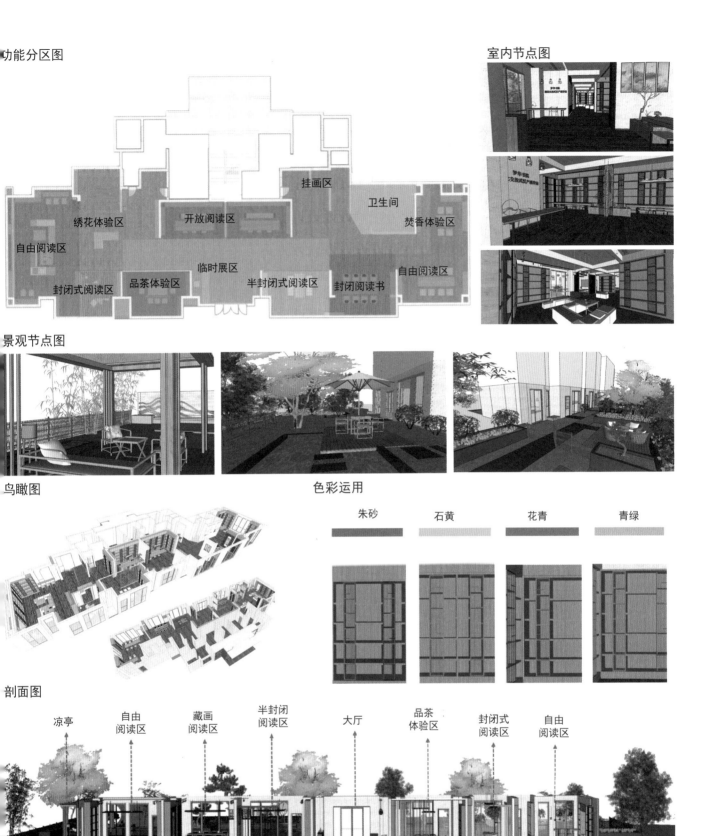

功能分区图

绣花体验区　开放阅读区　挂画区　卫生间　焚香体验区
自由阅读区　　　临时展区　　　　　　　自由阅读区
封闭式阅读区　品茶体验区　半封闭式阅读区　封闭阅读书

室内节点图

景观节点图

鸟瞰图

色彩运用

朱砂	石黄	花青	青绿

剖面图

凉亭　自由阅读区　藏画阅读区　半封闭阅读区　大厅　品茶体验区　封闭式阅读区　自由阅读区

导师寄语

　　梦华书院设计方案主要是对文化性、生活性、实操性进行了有机整合，在传统文化传承与社区生活之间找到一定的平衡点，通过室内外融合及空间综合利用、分类化的藏书，融合宋人四大闲事，最终打造了一个具有一定文化特色的湖北交投华园社区图书馆交流与阅读空间。针对校企联合毕业设计特色，充分考虑项目具体的实操性和经济性，在不改变原有架空层的层高、剪力墙、横梁空间限制的同时，在种种限制中找到最优化的综合空间关系及最优化的空间利用，通过模块化的家具组合，营造了一个丰富多变的主题空间。对于新风、中央空调等设备则做了各种合理而隐蔽的精心设计，使其占用空间最小化，设备功能专业化。没有实际项目经验的本科生能做到这一点，难能可贵！

　　在疫情期间，三位同学通过分工合作、协调交流，高水平地完成了这组设计，充分体现了团队精神和执行力，也体现了她们内心深处对设计的热爱与激情。希望通过全国性的"6+"联合毕设活动，使美（艺）术院校、综合性院校以及其他院校设计专业不同的教学理念得到充分体现，各校互相交流学习，共同促进中国设计教育及设计行业健康发展！

武汉大学

雅隐词话——交投花园社区空间室内设计

指导教师：黄　敏　陆　虹
小组成员：张佳薇　张紫仪　王　娅

评委点评

　　整个设计能很好地从项目主题文化和定位出发，能够对建筑设计进行二次优化，弥补一次设计的弊端，每个空间基调契合主题。前期调研和分析工作做得比较细致，空间布局较合理且形态和流动上有不少的创意，能改变原来的空间格局，工作量也较大。整体性非常好，对原建筑的优缺点进行了充分的分析，功能划分比较细致，石言厅这块公共区域做得比较有吸引力。不足之处是，设计的形态偏多，但还是很契合主题的；对公共空间尺度把握欠缺，元素较多。建议设计团队更多地考虑公共空间的特性，兼顾甲方需求。

作品展示

设计说明

　　此设计方案包括湖北武汉交投华园社区原售楼部、上河雅集、梦华书院、童乐坊以及叠墅。以促进邻里交往、满足多样化生活需求为设计目标。设计将五个空间分别对应宋代诗句中提取的"山、海、林、石、木"，与自然紧密结合，营造意境美，贯通空间、造型的设计要素。整个社区的建筑风格以宋式风雅为定位，突出新宋式风格的东方雅致趣味。

　　设计创新点：

　　（1）在童乐坊中构建了一个可预定、低成本、高质量陪伴的共享教育空间。居民可以预定场地，让孩子们在里面进行学习、艺术培训，可解决接送孩子培训耗时费力的痛点问题。

　　（2）在原售楼部一二楼间的楼板开孔，局部连通，室内种树，营造室内景观，满足人们对自然开放空间的渴望。

计来源

我们因地制宜，根据该社区整体的新宋式建筑设计风格，深入挖掘宋代传统民居空间文化，找到古今公共空间的相通之处，择善而从，古为今用。我们以宋代公共空间宜人性最重要的点——自然之风，作为五大空间的主题，在功能上，着重体现五个空间的互动性、人性化，安全性设计。

交投华园位于武汉光谷花山新城腹地，坐享倚山畔湖而居，自然为调，生活环境优美。因此我们将设计重点放在自然元素的运用上。

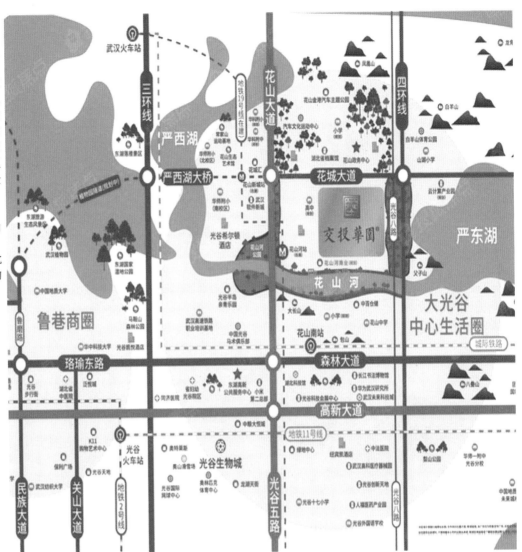

理念呈现

宋文化 + 自然元素 + 诗词

我们以从宋代诗句中提取的山、海、林、石、木的自然要素作为视觉造型，与自然紧密结合的同时，进一步营造文化体验氛围。上河雅集是"山"主题空间，主题诗句为"适与野情惬，千山高复低"；乐坊是"海"主题空间，主题诗句为"天接云涛连晓雾，星河欲转千帆舞"；梦华书院为"林"，诗句为"旧时茅店社林边，路转溪桥忽见"；石言厅为"石"主题，诗句为"未暇从鱼乐，惟思与石言"；叠墅以"木"为主题，以"茅檐长扫净无苔，花木成畦手自栽"为主题诗句。

室内空间分析

石言厅

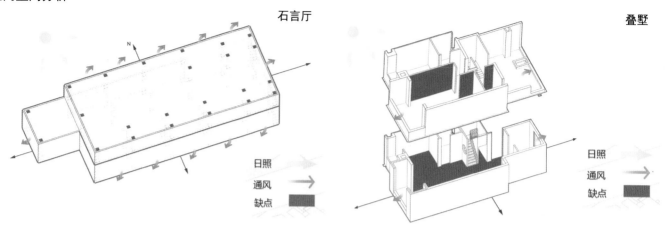

日照
通风
缺点

优点： 坐北朝南，采光良好，通风良好。
缺点：空间较大，柱子较多影响美观，空间行走流线需要自行调整。

叠墅

日照
通风
缺点

优点：别墅坐北朝南，采光良好；
缺点：室内空间较小，隔断较多；房间过于狭小，不便于设计创新。

上河雅集

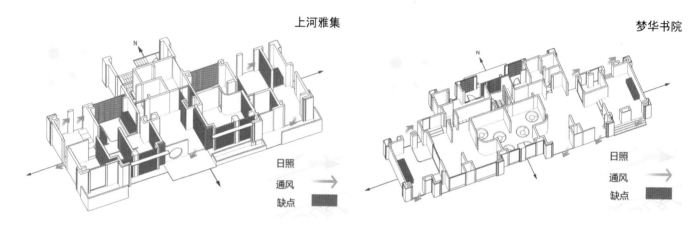

日照
通风
缺点

优点：坐北朝南，采光良好；
缺点：东西两侧排风井影响美观；隔断较多，通风一般，空间较为封闭。

梦华书院

日照
通风
缺点

优点：坐北朝南，采光良好；南北两侧入口较多，通风良好。
缺点：东西两侧排风井影响美观。

童乐坊

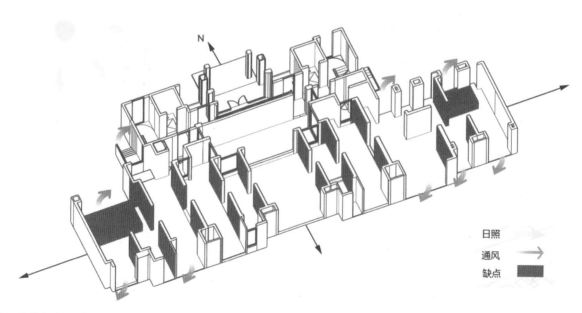

日照
通风
缺点

优点：坐北朝南，采光良好；南北两侧入口较多，通风良好；
缺点：东西两侧排风井较大，不好处理。室内隔断较多，空间狭小。

随着社区不断建设发展，适应居民休闲需求的空间与配套设施也越来越多。在本方案中，无论是童乐坊、上河雅集还是梦华书院，这些空间都承担着各自的功能，共同服务于社区内居民，因此我们将五个空间进行关联设计，打造一组会客、阅读、育儿、适老多重并行的可以让邻里适度共生的微社区节点体系。

根据前期的构思，对五个空间进行分析，理清各自的优劣势，用设计去扬长避短，同时尽量发挥五个空间的功能优势，梳理空间关系，在此基础上，进行了 cad 图纸绘制和 sketch up 模型制作及渲染。

石言厅
——文化展示空间

未暇从鱼乐，惟思与石言。

设置了玻璃观赏走道，石洞造型的曲线展台与下沉的绿色树池休闲区，种植穿插到楼的树木。空气流通，清新敞亮，可以自由选择游览路线。

画廊空间以高高低低的方石为造型灵感来源，以石头的圆洞为地面与顶面设计的主要灵感。

上河雅集
——会客空间

适与野情惬，千山高复低。

以山为主要设计灵感。

在立面装饰与室内元素中运用更多山形。多人会客空间，高高低低的阶梯呼应山的主题，榻榻米的设计给空间增加一些柔软性。利用排风井上方空间，抬起地面做成了一个相对来说较私人的会客空间。

梦华书院
——阶梯阅读区

旧时茅店社林边，路转溪桥忽现。
除了作为阅读空间也用来展示居民的读书心得或是一些绘画书法作品，同时可作为社区居民交换图书的场地。

叠墅阳光房

茅檐长扫净无苔，
花木成畦手自栽。

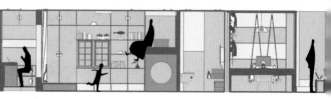

童乐坊
——插画互动体验空间

天接云涛连晓雾，星河欲转千帆舞。

以涟漪为立面造型元素，顶面以波浪作为设计元素。利用排风井上方空间做的儿童游乐空间，顶面以浪的元素进行设计。

千山大堂

纪梦剧场

主题教室

儿童剧场

导师寄语

2020 毕设，疫情没有影响同学们对专业的热情，大家穿行"云"端，查古阅今，克服困难，相互学习。

本组三位同学的设计，运用中国传统智慧，探讨现代社区邻里交往的多种可能性。针对命题——交投华园社区的五大功能空间，从"雅活"互动，"私塾"共享，"宜用"关怀，"安心"陪伴等角度进行关联设计；寻着宋代民居的宜人性，和"山""海""林""石""木"自然元素及对应诗词，由环境空间体验过渡到心灵空间感悟。

本次联合毕业设计答辩活动为同学们提供了宝贵的学习机会，高水平院校的数百名师生，虽空间阻隔，但学习交流的收获却很丰满。这段难忘的经历将伴随同学们踏上新的设计旅程。

武汉大学

清平乐——宋式美学体验中心设计方案

指导教师：陆 虹 黄 敏
小组成员：赖非云 吴欣雨 万紫
邹佳琪

作品展示

设计说明

我们认为小区不是单纯地提供活动场所的地方，而应该在满足人们每天社交、健康、兴趣爱好等需求的基础上，赋予使用者一定的空间权利。我们将宋代文化元素中的民俗文化、文人园林及山水画元素融入，把武汉交投华园社区中的4个架空层公共空间及1个别墅样板间进行整套设计，分别打造出浮光里——宋代民俗文化主题展示游憩空间、风色园——器材廊道主题童乐空间、遗珍阁——文人园林主题书院空间、雅岚集——融入自然的集会空间、叠墅——优雅创想的家居空间。

设计来源

纵观中国古代文化艺术史，宋式美学无疑是中国古典美学史上熠熠生辉的一笔。我们以宋代文化中的民俗文化、文人园林及山水画为主要的切入点，探究传统美学如何在现代设计的文化载体上拥有新生的活力。此外，本次设计也基于疫情背景，注重经济状况、人群交流、交通出行以及心理需求等方面的变化，对生活有了新认知，形成新的交流模式和室内外空间体验需求，更注重阳光、通透、便捷、私密等功能，更加追求亲近自然的健康生活。

设计构思

清平乐——清平乐作为词牌名并无具体意思，但在此运用于命题，意为体现本套设计在宁静平和的意味中寻求一种俚趣愉悦。
浮光里——凤箫声动，玉壶光转，一夜鱼龙舞——宋代民俗文化主题展示游憩空间 。
风色园——风本无色，亦可与童心般万色多彩——器材廊道主题童乐空间。
遗珍阁——尽享书海遗珍荟萃之地——文人园林主题书院空间。
雅岚集——浅山林畔，朝市若山林——融入自然的集会空间。
叠墅——依山景望，心中山水——优雅创想的家居空间。

成果展现

浮光里
——宋代民俗文化主题的展示游憩空间

可游览交流的俚趣空间——可互相眺望将实物展—
展示在游览中

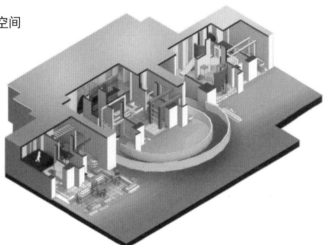

宋式的小屋顶与梁橼构建——配合宋式文化，打造融入感

室外休闲空间——引导人群进入室外，在静水中感受自然

五色琉璃窗（光转）——日夜辉煌，满足名片

风色园
——器材廊道主题童乐空间

室内空间以垂直运动为主，如攀爬、秋千、单杠等。与绿色植物结合，打破室内的闭塞。

由室内空间逐步过度到室外，从紧密的小空间，逐渐进入一个抬高的辽阔空间中，实现了移步易景的感官体验。同时视觉的变化使得心情逐渐发生转变。水平运动则以跑步为主，与垂直运动形成对比。

遗珍阁
——文人园林主题书院空间

从宋代文人园林中提取借景、框景、漏景、渗透等构景手法，以及曲水流觞、赏石游玩、竹林读书等园林中的文人雅事，融入空间和造型设计，打造开放、自然、雅致的图书馆阅读氛围。

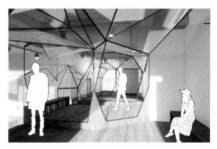

依山居——别墅下叠空间

设置家庭核心区，即在起居室中间设置一座阶梯状的"山"，我们希望家庭成员们能经常聚集在一个空间内，放松地交流、自然相处。顺着台阶，登到"山顶"，其上空间也可作为客人临时休憩之所。

雅岚集——融入自然的集会空间

在宋代，雅集文化十分盛行，园林和自然山林是热衷山水的文人雅士最佳的雅集场所。此会客空间的设计以自然山林为灵感来源，从自然形态中提取元素，营造如雅集般自然、随性、开放的会客空间。

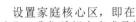

导师寄语

宝剑之锋出于淬炼，远航之帆必经风雨。2020年的春夏，本组四位同学为完成毕业设计作品进行了大量前期调研，深入地剖析疫情期间人们的心理活动，进行了人际关系的重新思考，形成构建人与自然的新理念。大家以史为鉴，贯通古今，看浮光万千、阅风色百彩、藏遗珍荟萃、观雅岚山林、自赏心中依山景望，力求在纷繁杂乱的社会现状中沉淀出俚趣愉悦的"清平乐"，构建自然流畅的创新空间。参加本次联合毕业设计答辩活动，同学们增加了阅历且开阔了眼界，愿你们皆能奋力搏击、扬帆远航。

湖北美术学院

云研阁——宋式美学体验馆设计

指导教师：黄学军　伍宛汀

小组成员：张梦慈　杨可萱　周

雲研閣——宋式美学体验馆

评委点评

这组同学在整体的设计方法、思维逻辑以及针对问题提出解决方式上做了一定的研究。在设计空间呈现上跳出了对传统题材的思考以及呈现方式，运用了现代材料与设计方法传递了对宋代美学的理解。在具体手法上，对于功能区块与动线组织有良好的方法与思考；动线安排上，让我们在不大的空间里感受到了空间的层次；在空间的营造中，突出了对光线的运用。但在调研上，没有将宋式美学和社区间的关系体现出来，调研的逻辑性与严谨性还需要加强；在表现上，图面效果表现到位，将古代园林与宋式美学的意境体现到位；针对社区与体验馆的关系上更多地追求视觉效果，在空间功能性上的研究应该进一步加深；在设计呈现上，没有针对居民调研以及疫情对空间进行进一步的细化，针对视觉的多样性上还可以进一步进行研究。

作品展示

设计说明

云研阁原为售楼中心，现改造为美学体验馆，空间可变，易于适应不同性质的公共活动，整体设计参考弹性空间理论，充分激发空间的灵活性，用以应对不同时期的需求。按照宋式隐逸、简约的美学特征为意向，通过对古典园林路径的研究，对设计的形式进行提炼，运用于空间的分割，满足日常的空间使用需求，提高空间的灵活性，并增加其功能性。

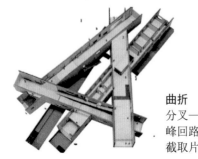

曲折
分叉——变化的端点
峰回路转——分化与合流
截取片段 重新定义空间

灵动
阻隔——拆分
连通——联系
交融——重组

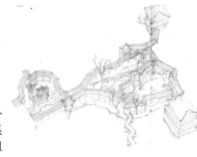

轻便
材质——温润舒缓
构造——精炼概括
功能——灵活适用

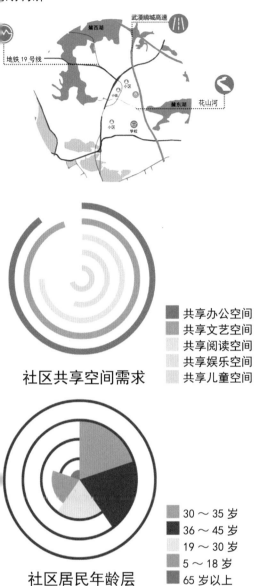

社区共享空间需求

■ 共享办公空间
■ 共享文艺空间
□ 共享阅读空间
□ 共享娱乐空间
□ 共享儿童空间

社区居民年龄层

■ 30～35 岁
■ 36～45 岁
□ 19～30 岁
□ 5～18 岁
■ 65 岁以上

云研阁位于光谷花山新城腹地，位于严东湖西侧、花山河北侧、庆珪路东侧、文横街南侧。是华园小区北侧临街的建筑，原为一售楼中心，现改造为美学体验馆，空间可变，易于适应不同性质的公共活动，整体设计参考"弹性空间"理论，充分激发空间的灵活性，用以应对不同时期的需求。

大拆大建的城市更新模式是非可持续发展的，今天，以社区为单位的更新模式在城市更新中越发受到重视。更新模式转变为以"微"入手，着手于对小的社区公共空间进行"微更新"再设计，来改善社区居民的生活品质。

与此同时，我国发展理念也发生了转变，将缺乏公共活动间的社区打开，在社区中植入共享理念，让居民有可以活动交流的空司，增加社区活力。于是我们在社区微更新中植入共享理念，互联网的崛起也在其中占握了重要一环，让居民有可以活动交流的空间，增加社区活力。

在设计元素部分，云研阁的设计以南宋画家牧溪的山水画作的氛围和古典园林丰富多义的建筑空间为灵感，舍弃象征性的装饰和符号化的隐喻，通过室内空间形态来表现宋式美学内隐逸之美，在空同规划上考虑社区的需求与共享理念相结合，一层作为主要的展示空间，二层作为共享办公空间。空间形态可多重变化。主要面向的人群为高知人群和科技新锐，在空间功能性上也提供了一定的休闲洽淡功能，便于社区居民的日常生活。

概念演变

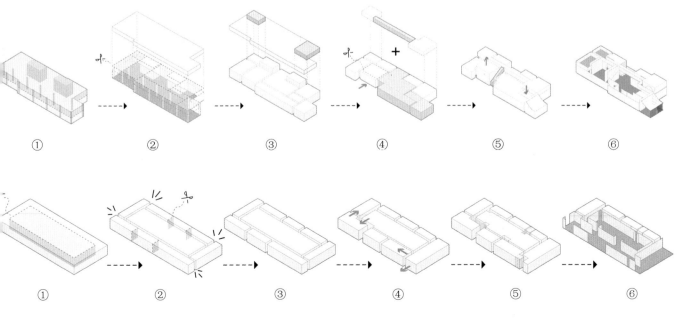

① ② ③ ④ ⑤ ⑥

① ② ③ ④ ⑤ ⑥

可移动墙体

设计理念

南宋吴自牧《梦粱录》中记载："烧香点茶，挂画插花，四般闲事，不宜累家。"宋人有焚香、插花、点茶、挂画四艺，这四艺使宋朝人们的日常生活融入了艺术气息。从宋瓷和宋画中不难发现宋人对审美与实用性统一的要求，追求精致的日常生活，兼顾理想与现实，雅俗共赏。大道至简，认为越简单越朴素，越美。通过对宋文化的调查研究，我们将整体的设计理念确定为"湖大求源、回归本色、大道至简、意境之美"。

美学体验馆的整体设计风格按照宋式隐逸、简约的美学特征为意向，通过对古典园林路径的研究，对设计的形式进行提炼，运用于空间的分割。除了满足日常的空间使用需求，提高空间的灵活性，还将空间做出多种变化，增加其功能性。从宋代山水画作的色彩构成来看，大多是低彩度的墨色，美在简约、含蓄、谦卑、轻柔，所以在材质选取上也注重白墙黑瓦、原木本色、水墨淡彩的搭配。整体空间色调采用白色加木色，突出宋式美学平淡、恬和的特点，在陈设选择上将现代与中式相结合，整体氛围上既有现代感又不失古典风韵。

一层展厅走廊

二层走道

功能分区

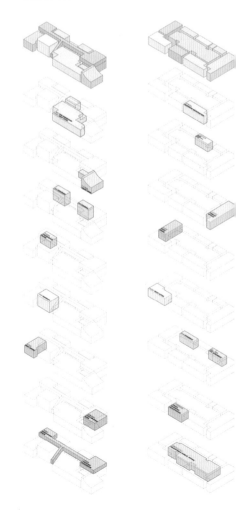

一层展厅

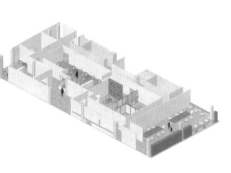

入口接待

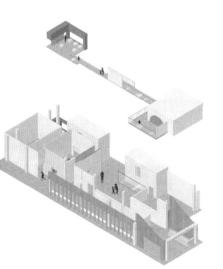

入口接待

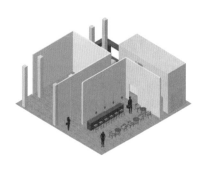

一层茶室

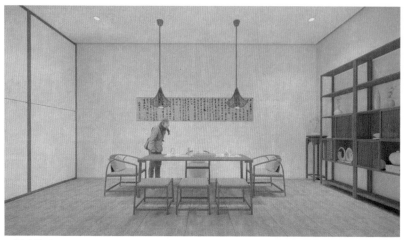
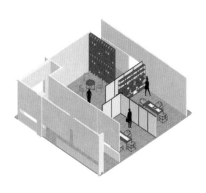

二层会议室

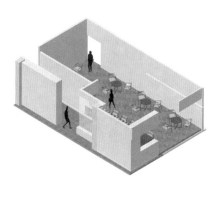

二层休息区

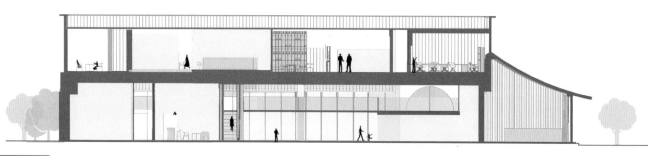

二层走廊

冥想空间

　　作品针对临时性建筑功能的机动处理
方案展开探讨，以宋式美学为主题，运用
中国传统装饰元素，在形式和功能的融合
上做了一次创新尝试。同时，作品在创作
过程中结合了当下社会热点问题，具有较
高的应用价值。

共享办公

湖北美术学院

归·居——共享模式下武汉华园社区驿站改造设计

指导教师：伍宛汀　黄学军
小组成员：晏　蕾　杨楠星　张

评委点评

整体方案结合当下疫情问题进行了深入的思考研究，设计注重空间功能处理以及装配设施的利用。但在整体性上，三个空间彼此联系不够紧密，效果图较少，缺少了一些美学方面的视觉体验。

作品展示

设计说明

项目位于武汉光谷花山新城腹地，四周环境优美，交通便利。社区公共空间作为社区主要构成元素之一，在社区居民交往、休憩和生活中起着不可或缺的作用。通过此次疫情，我们意识到了社区公共空间的重要性。良好的公共空间设计，虽不能完全解决现阶段存在的问题，却能促进社区居民的交往，在一定程度上改善居民生活环境。

对社区共享交流驿站的设计，我们摒弃了传统的架空层设计手法，以居民社交需求为出发点，在空间中置入可灵活移动的装配设施，增加空间使用率，打造多元化的复合场所，以满足不同人群的使用需求。通过在有限的场所里提供更多的公共空间与服务，实现"开放、平等、协作、分享"，从而拉近人与人之间的距离。

上河雅集

> 模块化家具组合

> 可移动智能化书柜

> 阶梯式多功能空间

童乐坊

梦华书院

导师寄语

作品从空间本身出发，结合当下疫情问题进行设计，以智能化、模块化的装配设施设计为主，空间灵活，具有实用性。

武汉理工大学

宋雅之致——交投华园梦华书院与上河雅集空间设计

指导教师：王 刚
小组成员：王紫薇 杨 悦

评委点评

该设计完成度较高，设计思路较为严谨，针对新宋式的风格设计有一定的延展和思考。从本方案可以看出，学生充分利用了学校所学的知识和设计方法，让方案本身有所依据，站得住脚。但作为设计师，未来的道路还很长，希望学生在今后的工作中，不要过多地被风格所局限，而要针对设计对象做更多的思考，思想应该更为开阔，寻求更多的突破。

作品展示

交投花园项目具体选址为花山新城片区，以新锐、高知人群为主。交流空间分为休闲娱乐和商谈会客两大类型。设计选择了暖色调、暖光源和石材、木材等硬度较高的材料来打造空间。

圈椅

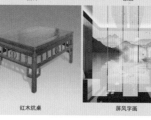
条案

直棂窗

点茶区

留言区

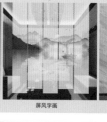
红木炕桌

屏风字画

月亮门

休息区

美食区

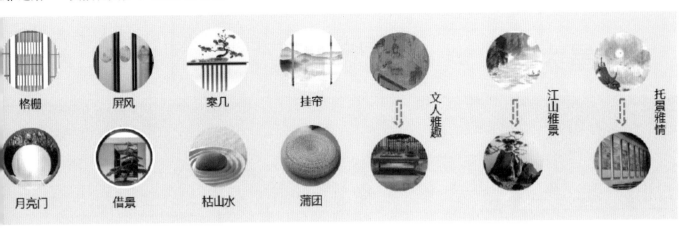

格栅　屏风　案几　挂帘　文人雅趣　江山雅景　托景雅情

月亮门　借景　枯山水　蒲团

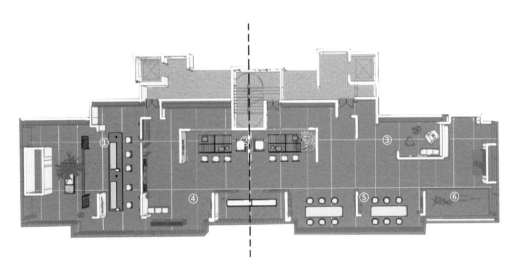

① 休闲体验空间　　② 文化交流空间　　③ 冥想空间　　④ 休息区　　⑤ 开放式阅读空间　　⑥ 景观节点

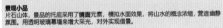

景观小品
片石山体，景品的托底采用了镜面元素，模拟水面效果，将山水的概念浓缩，营造幽静氛围。用透明玻璃幕墙来增大采光，对外实现借景。

阅览空间
进入半开放的阅读空间，选用了矮桌椅的设计，让阅读体验更为放松自由。在玻璃幕墙前置放木制栏栅，一方面避免阳光的直射，另一方面也营造了古典长廊的空间氛围。

导师寄语

　　在上河雅集交流会客空间的设计中，学生运用了一定的艺术手法和中式符号元素，展现了宋式的古韵，中式的典雅和书院的静谧。设计也有不少需要提升的空间，如何加强对空间、尺度的思考，如何在有限的空间里增强设计的创新度，应是学生在今后的工作生涯中要认真思考的问题。

南昌大学

序·与古为新——社区共享空间武汉交投华园创想别墅改造设计

指导教师：李枝秀　梅小清
小组成员：陈昕　晏梦萍　向林昭豪

评委点评

　　这组学生的作品在想法上是比较大胆的，他们首先关注到都市人群的压力，然后着重打造一个沟通外界和社区内部的过渡空间，思路脉络比较清晰，从最终的呈现效果来看，空间氛围感还是不错的，在元素上没有过多的装饰，在设计中也做了减法，总体来说是比较有特色的。方案中如能加入对光的考量则更完善，地下两层由于没有自然光所以缺乏灵动感。

　　方案完成度比较高，六层的室内空间，整体风格调性比较统一。可能是没有到实地考察的原因，设计在原建筑结构上的推敲不够，有些部位的结构有些出入，希望后期设计再严谨些。在空间功能布局上，如果能有针对性地进行调研总结，则更有说服力。短时间内能够完整清晰地表达方案思路和呈现自己的想法还是不错的，希望继续加油。

作品展示

设计构思

　　每天朝九晚五的人们在下班之后通常会有一种难以抑制的压力、烦躁、忧虑、忧郁等一些情绪，如何缓解压力？

　　把MAX创想叠墅做成一个全新的可以供您"呼吸"的场所。

解构空间

为了获取不同的空间体验，尝试了一些冒险的表达方式，体现与古为新的想法，将空间颜色定为木色、灰色、白色。

木色——古代／简约
灰色——中性／沉稳
白色——现代／抽象

不同的材质碰撞出与众不同的效果。空间将以宋式美学作为根基，将宋式美学的简约与现代美学的抽象结合，不同于过去冗杂的装饰传统，通过简单几何体块形与色的穿插交接，使空间相互独立，又在细微之处相互分离，不绝对的封闭，构成一个令人遐想、有趣的多层空间。

利用榫卯与活字印刷元素进行解构与重组。

序，东西墙也，它本身有房屋的含义，也有开始的意思，我们将空间取名为"序"，是希望能让人卸下负面情绪，以全新的心态面对生活和工作，所以在这里既有结束也有开始的意思。

如将不尽，与古为新，我们此次方案正是希望将宋式极简美学与现代风格进行融合，加以创新，尝试空间设计的另一种可能。

空间体现

此装置灵感来源于宋代活字印刷术和中国古建筑榫卯结构。

"伸缩案"：灵感来源于宋代活字印刷。将活字解构重组，设计成桌子艺术装置，摆放在餐厅绿色区域，可灵活拼装成 2 ～ 6 人桌。

"榫卯椅"：灵感来源于榫卯结构与活字印刷，将元素解构与重组，设计成座椅，摆放在餐厅粉色区域，在必要时可将座椅灵活拆装成舞台二号，供大型宴会厅伸用。

建筑一层——餐厅、多功能宴会厅

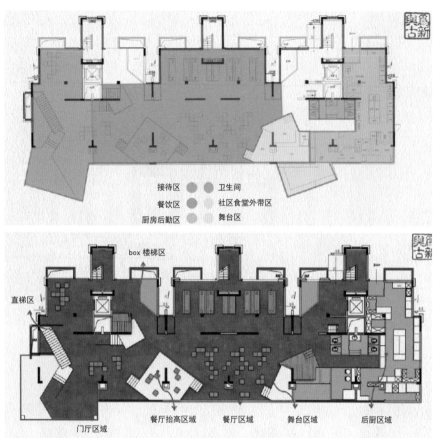

接待区 ● ● 卫生间
餐饮区 ● ● 社区食堂外带区
厨房后勤区 ● ● 舞台区

box 楼梯区

直梯区

门厅区域　　餐厅抬高区域　　餐厅区域　　舞台区域　　后厨区域

平面图

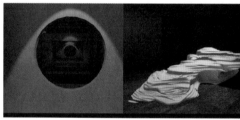

效果图

建筑二层——咖啡厅、行政办公区

咖啡区/清吧区
办公区
卫生间

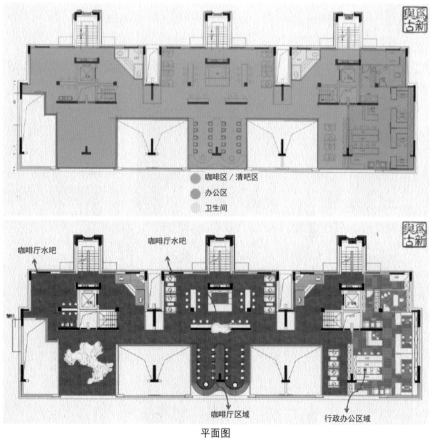

咖啡厅水吧　　　　咖啡厅水吧

咖啡厅区域　　　　　行政办公区域

平面图

效果图

筑三层——客房

因新冠肺炎疫情影响，设计进行调整，在生活区配社区酒店客房，可作为突发事件的应急场所使用。三层主要以客房空间为主，共有 14 间客房，软装多采用简洁质朴的材质来进行氛围营造。

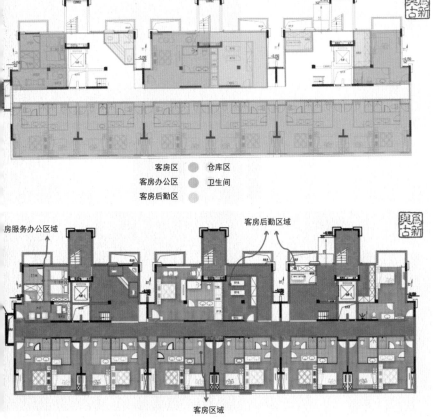

客房区 ● 仓库区
客房办公区 ● 卫生间
客房后勤区

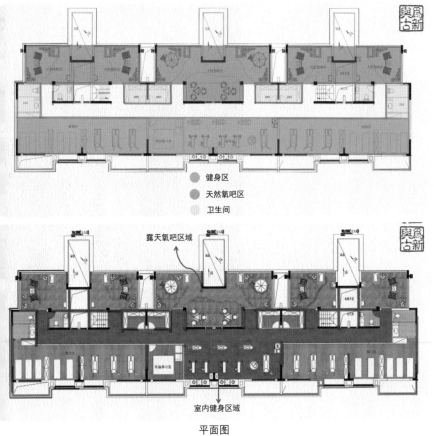

平面图

效果图

筑四层——健身房、天然氧吧

健身区
天然氧吧区
卫生间

平面图

效果图

建筑负一层——文化会展区、会客区

阶梯形式的展示厅可作为陈列台，也可作为社区文化活动的观赏台使用。

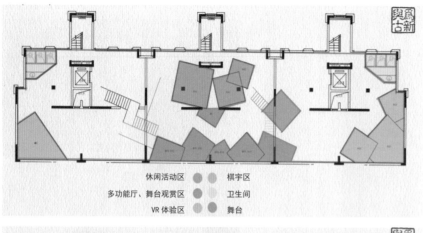

休闲活动区　棋宇区
多功能厅、舞台观赏区　卫生间
VR 体验区　舞台

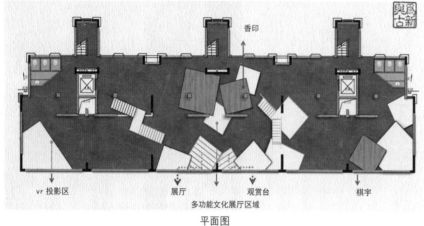

香印

vr 投影区　展厅　观赏台　棋宇
多功能文化展厅区域
平面图

效果图

建筑二层——咖啡厅、行政办公区

茶庵区为灵活移动的木隔断，可根据会客情况自由组成不同大小的空间，丰富了空间的可能性。

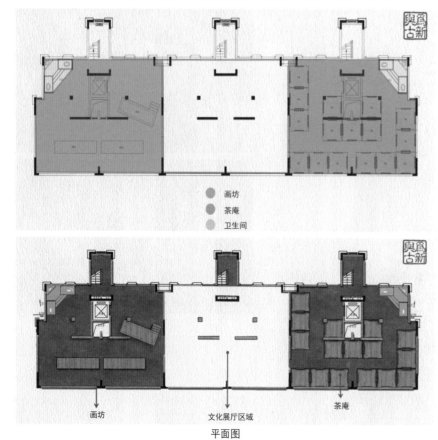

画坊
茶庵
卫生间

画坊　文化展厅区域　茶庵
平面图

效果图

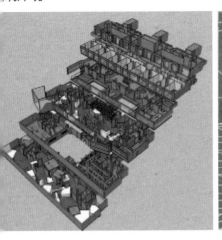
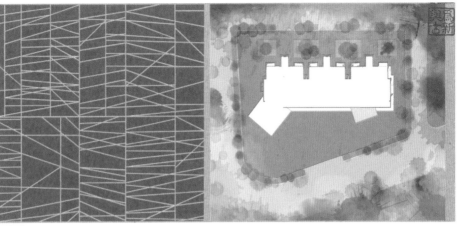

在空间色彩上主要选择木色、灰色、白色，分别代表着简约、沉稳、抽象，希望通过不同材质间的碰撞来打造一个既具有宋式极简美学又具有现代抽象美学的一个社区共享空间。

导师寄语

此次联合毕业设计活动，既考验了该组团队协作能力和综合水平，也让学生从兄弟院校的同学身上学习到了很多。希望同学们毕业后继续秉承南大精神，去实现自己的梦想。

南昌大学

头号玩咖——交投华园架空层儿童活动空间设计

指导教师：李枝秀　梅小清
小组成员：郎志　杨馨怡　江
郭康辉

VR科技体验馆
VR Science and Technology Experience Museum

click to enter

评委点评

　　学生们的思维缜密，分析清晰，前期调研充分，能够考虑到市场的需求。作品中呈现出的经营性思维表达值得赞赏，同时方案设计的完整性及设计思维的前卫性值得肯定。但是设计方案对空间关系的把握还有所欠缺，空间中元素过多，色彩繁杂，缺乏承接性，设计表现效果还需进一步加强。

　　后期可加强设计定位和表达调性的融合。

作品展示

设计方案

　　在全新的闯关模式的设计上，设定了会员管理模式，私密，安全。"头号玩咖"不接受单次入园，必须是会员制形式。每个会员的面部识别信息录入整个闯关系统中，且带唯一编号，这样也就形成虚拟的能量卡。

　　能量卡分为青铜、白银、黄金、钻石、王者5个等级，通过不同难度的闯关获得相应的能量值进行升级，等能量值到达一定值便可兑换不同的奖励。随着能量值的不断升级，孩子也在不断成长。

　　整体空间布局为四大闯关空间和三大配套空间。室内空间为狭长条形，设计将时空隧道的概念融入空间中。

　　室外空间设计延续了时空隧道的理念，将海、陆、空三种不同元素融合在一起，打造公益性的社区共享空间。

　　四大闯关区分别根据不同年龄段孩子的需求进行设计，将识字认字、识数算术、室内体感运动、VR体验融入到空间中。

　　三大配套区考虑到家长的陪伴以及孩子的需求，将绘本体验、攀爬冒险、社交中心融入空间中。

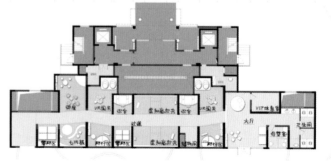

平面图

外空间

　　室外空间的设计中将攀岩冒险与电子屏幕结合，创新了室外玩法，同时还将阿基米德取水器的概念融入其中，打造公益性的社区共享中心。

　　材料选择绿色环保的原木和无甲醛污染、色彩鲜明的环保乳胶漆以及有吸音效果的地毯，墙面采用防止磕碰的软包。

　　色彩的搭配上，为了提高孩子对空间的认知，选择较为鲜明的色彩。在空间照明设计上，避免炫目的灯光，选择较温和的漫射线光。

内空间

大厅效果图　　　　　　　　　　　　　　　　　　　　走廊效果图

闯关空间（一）

闯关空间（二）

配套空间

闯关空间（三）　　　　　　闯关空间（四）

导师寄语

　　本次毕业设计既提高了同学们的团队协作能力，也让学生从兄弟院校的作品中学习到了很多。希望同学们毕业后继续秉承南大精神，成为更好的自己。

中南大学

湖北交投华园梦华书院——声景式阅读空间设计

指导教师：谢旭斌
小组成员：冯如意

评委点评

　　整个设计作品内容相对完整，在书院设计前期的调研工作也很细致，对于宋代文化与场地人群的分析特别深入。设计作品打造了一个声景式沉浸体验的阅读空间，让人们可以近距离地体验中国传统文化的魅力。但作品存在设计手法不够前卫、设计元素提取及结合不够等问题。

作品展示

设计说明

　　本次设计将结合景观学中的声景学原理，融合场地现状与文化分析，研究声环境如何使人放松、愉悦，合理规划与设计，增加心理的舒适感。提取宋代文化与乡村传统读书文化元素，结合原有场地进行不同的空间规划与造型设计，打造一个古朴雅致的社区公共阅读空间。

空间氛围营造

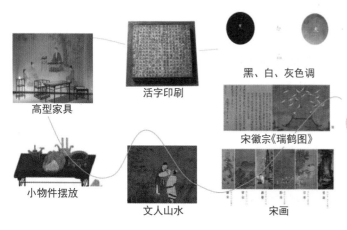

高型家具　　活字印刷　　黑、白、灰色调

宋徽宗《瑞鹤图》

小物件摆放　　文人山水　　宋画

设计元素

　　设计元素来自于宋代画作《羲之写照图》，整幅画面表现了宋代文人的日常生活意境——平淡高远却又清新雅致。我们把这种意境带入室内空间设计中，借鉴画中素雅的家具、简约的屏风、高型家具、格子门、小的器具以及运用活字拓印文化元素，使清新雅致的氛围更加浓厚。

书院功能与空间构成

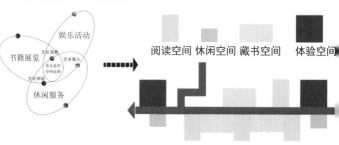

娱乐活动
书籍展览
休闲服务

阅读空间　休闲空间　藏书空间　体验空间

空间展示

吊顶、墙面和地面用深色的窗棂门楣划分区域、隔断空间，达成空间整体的统一，采用框景手法以及地面的落差表现，让人们感受不同的空间体验，圆形的应用则来源于石镜，有自省的含义。

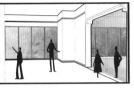

空间元素

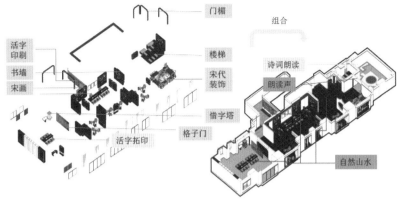

门楣 / 活字印刷 / 书墙 / 宋画 / 楼梯 / 宋代装饰 / 惜字塔 / 活字拓印 / 格子门 / 组合 / 诗词朗读 / 朗读声 / 自然山水

效果图展示

文化走廊

活字拓印体验区

惜字区

展示交流区

自由阅读区

会客交流区

导师寄语

该方案采用了声景设计，提取了宋代文化与乡村传统读书文化元素，打造了一个古朴雅致的社区公共阅读空间。设计结合场地进行不同的空间规划与造型设计，让人们有机会在城市中感受优质的声音生态环境。通过这次书院设计，同学们对于传统文化传播空间有了更深入的思考，希望继续对宋代室内风格、乡村传统读书文化进行深入的探究，也希望本次设计能引发大家更多的思考。

中南大学

童乐坊——儿童探索型空间设计

指导教师：谢旭斌
小组成员：刘嘉棋

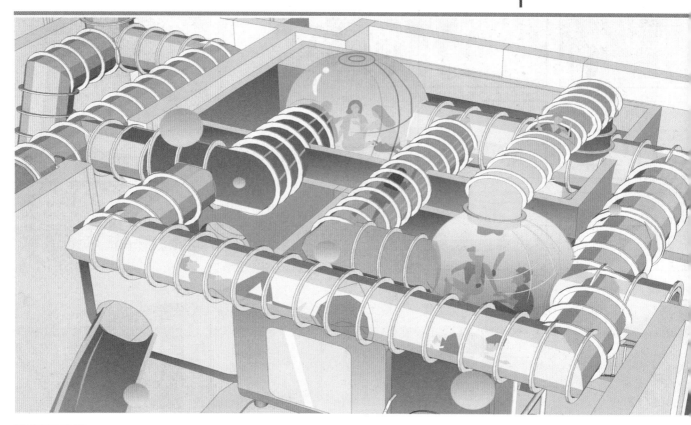

评委点评

整个设计作品内容相对完整。在幼儿园设计前期的调研工作也很细致，不仅仅只有幼儿园的调研，还涉及商场内、居住区内的儿童活动空间。在设计作品中，创新的运用"管道空间"作为设计亮点，很好地满足儿童探索心理需求，也有一定的安全保障。这样的活动空间设计是很新颖的，很能吸引儿童的注意，并让其在内展开活动。效果图的展示形式也与众不同，整体为偏向儿童喜好的插画风格，同时运用大胆的色彩搭配更能充分体现儿童这一主体适用人群。

作品展示

设计思路

儿童生来好动，喜欢对新鲜的事物展开探索，我的设计灵感来自于管道。在所设计的内部空间中，管道空间结合探索作为一个主要的设计理念。在半封闭的管道空间内，儿童可以无限地开展自己所想的探索活动，如体验历史文化的"文化管道"、感受奇幻知识科学的"科学管道"、体会自然的"自然管道"等。提及探索，儿童首先想到的自然是浩瀚无际的宇宙星河，所以设计方案将太空舱作为体块的初始状态，通过变形、叠加、组合等手法营造一个大体块空间，让儿童在内自由活动。

设计灵感

现存问题：

（1）儿童觉得现有的设施不能满足他们的活动需求。

（2）儿童发现新奇的长条形管道空间，并对之产生兴趣。

（3）儿童通过自身感知，学会空间与自身的尺度问题。

将管道元素作为设计出发点进行管道空间的串联，结合现有的场地，想到可以用二维构成的形式去布置管道空间。

设计过程

空间体块的叠加演变

探索型活动空间设计生成

空间串联性

探索型管道设计演变

设计展示

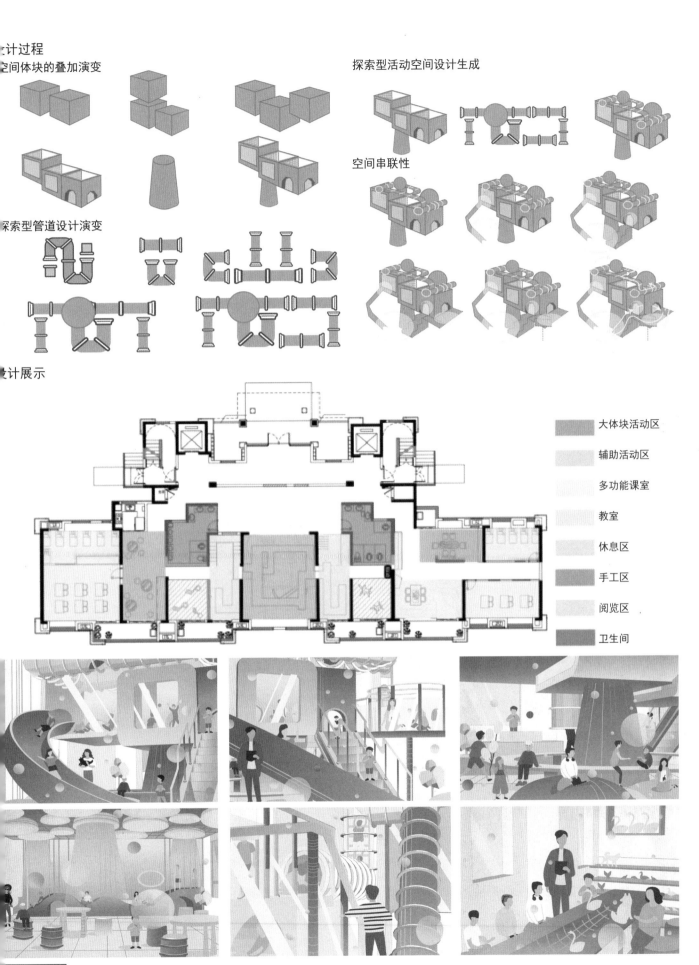

大体块活动区

辅助活动区

多功能课室

教室

休息区

手工区

阅览区

卫生间

在现代幼儿园空间设计中,我们所看到的很多设计作品并没有从儿童的角度出发,没有打造出供儿童自由探索、活动的空间。本次设计将管道空间作为设计出发点,结合不同功能,满足了儿童多方面探索的心理需求。

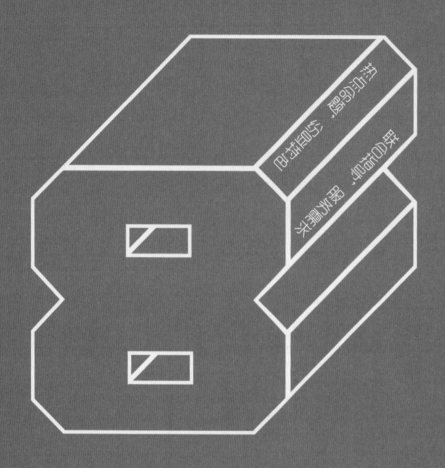

华南区作品

广州美术学院

电流讯片——广州上下九美食
体验游径光环境设计

指导教师：李 光
小组成员：刘雪怡

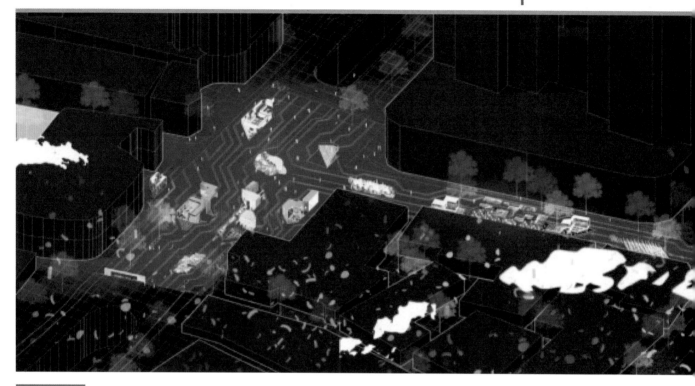

评委点评

　　整体方案不错，一是调研的针对性很明确；二是图解能力比较强；三是选题比较本土化，是非常有意义、有时代价值的选题。

　　也有几点问题：一是关于场地问题的总结，比如措施不完善，体验比较单一，问题提出的可靠性是值得怀疑的；二是"游径"这个概念，是指骑楼还是指四湾广场前面的通壁或者指整条步行街，没有清晰的界定；三是关于电流讯片的概念，和提出来的要解决的问题之间有什么关联？汇报重点放在了喷泉、台阶、泡沫、装置等设计上，和电流讯片直接的关联不大；四是商业街区的设计一定要考虑构筑物对商业环境的影响，是不是满足店铺最需要经营场所的空间需求和视觉吸引点；五是街区消防问题，一定要考虑在这样的狭窄街区构筑这么多的构筑物是否安全。作为未来设计师，一定要考虑设计与功能、使用价值之间的平衡关系。

作品展示

设计理念

　　此次毕业设计以粤港澳大湾区游径之一——广州上下九美食体验游径为背景。设计从场地发现问题，一方面以观察记录的方式提取场地信息，另一方面从场地历史文脉、人群走访入手来推进设计思路。以赛博朋克作为场地历史文化与现代商业空间的融合剂，结合场地自身的特殊性和历史性，创造适合场地美食商业空间历史文脉展示的光环境，旨在探讨传统美食文化在当前新生活方式下的新美食游憩体验。借由光的媒介去发挥，带给游客视觉冲击，激发他们对场地历史情怀的反思。

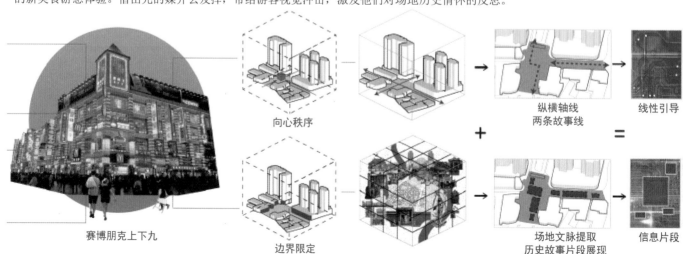

赛博朋克上下九　　向心秩序　　边界限定　　纵横轴线 两条故事线　　线性引导　　场地文脉提取 历史故事片段展现　　信息片段

块设计

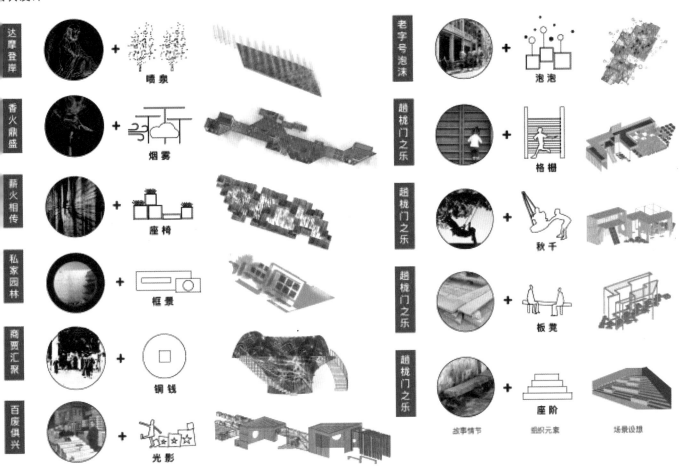

故事情节　　　　　组织元素　　　　　场景设想

　　场地本身具有明显的纵横轴线交错的特点，因此将场地历史文脉分为两条（码头的记忆与骑楼的诞生）排布在横纵两条轴线上，轴线一主题——码头的记忆，节点故事分为达摩登岸、香火鼎盛、薪火相传，叙说了码头时期达摩在此登岸并建立华林禅寺传播佛教文化的故事。轴线二主题——骑楼的诞生，节点故事分为私家园林、商贾汇聚、百废俱兴、老字号泡沫，叙说了这里曾经是豪商巨贾的私家园林，并且在鸦片战争时期，这些商人聚集推动了革命，在步行街开通后这里变成了商品丰富、百业俱兴的西关商廊，又在历史冲刷下慢慢没落的故事。希望游客通过与设计节点的互动，可以联想到场地悠久的历史，让人反思商业文明下，逝去的西关情怀。

码头的记忆

骑楼的诞生

导师寄语

　　相比于传统做法上的符号传达，空间体验是最直接且具有说服力的信息载体。把场地的美食文化、历史文脉记忆用赛博朋克的手法表现出来，为传统美食文化在当前新生活方式下的游憩体验提供可能性。设计提高了广州上下九美食文化体验游径的可识别度，提供了场地独特的光环境美食游览体验，提升了游客对广州上下九美食文化体验游径美食文化的认知，真正实现了以文化展示带动旧城改革，进一步促进城市的可持续发展。

广州美术学院

百易媒介——广州市百艺城花鸟鱼虫市场改造设计

指导教师：李致尧

小组成员：李霖

评委点评

选题结合了当下的一些趋势，整个分析和设计，包括构思和逻辑分析很好。但还要注意以下四点：一是我们的设计一定要注意受众，一定是人；二是在具体的分析过程中，讲到城市尺度和街道关系、店铺尺度，都很详细，但有一点最关键的是使用者，不管是顾客还是经营者，这一部分有所欠缺；三是没有讲清楚为什么要以新媒体作为一个切入点去展开，方案的背景切入这一部分稍微有点弱；四是效果图中很难找到清晰的、让人有记忆点的关键节点。不管是通过色彩、体块、要素或者材料，一定要把关键节点凸显，并且有所区分。总的来说，对旧市场改造和亲密性两个问题的本质深入还不够，要继续加强。

作品展示

设计说明

广州市的花鸟鱼虫市场承载着各种主题的商品交易及知识交流的活动，这些活动富含了大量的信息传播，而且具有很高的专业性、主题性。花鸟鱼虫市场又是一个杂糅的集合体，这些各异的信息在地域的人文喜好的催化下以特有的方式结合到了一起。广州市的花鸟鱼虫市场除了是信息聚集的专业市场以外，也是市民文化、城市文化、传统民俗文化的汇聚地，是宣传广州市人文氛围的媒介。随着新媒体技术的利用越来越多样化，人们开始接受在虚拟环境下的交易状态。因此，花鸟鱼虫市场空间也有很大改变，物流的便利程度成为商家对批发空间好坏的主要评判标准。由于媒体的利用，交易空间不再需要那么大的物理空间作为依托，因此店铺空间也越来越小。本设计希望通过对百艺城花鸟鱼虫市场的改造，探讨花鸟鱼虫市场在新媒体时代下的可能性，研究新媒体技术对广州花鸟鱼虫市场交易效率、交易体验的影响，以及文化传承及利用的方式，希望用新媒体视野与技术协助传统商业来创造新的贸易环境。

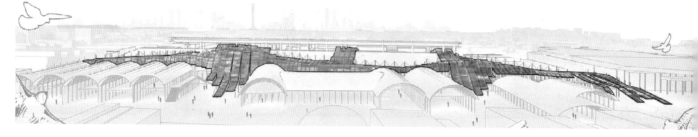

在城市尺度下，通过新媒体棚顶为建筑带来媒体立面，实现广州花卉博览园的信息梳理与城市空间的升级。新媒体棚巷空间的置入使百艺城花鸟鱼虫市场拥有大面积的媒体界面，这样建筑就能成为广州花卉博览园的媒体中心，为园区提供主题性明确的城市空间，从而提高园区各区块的辨识性。再通过增加花卉交易的功能，使百艺城市场能够充分利用园区的花卉市场资源，并且借此促进花卉园区的市场凝聚力。改造后的媒体城市空间将会为进入市场的顾客带来全新的城市空间体验。

例研究

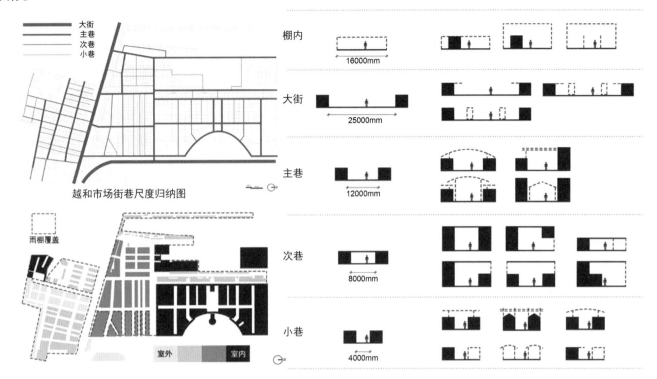

越和市场街巷尺度归纳图

雨棚覆盖

越和市场室内外及雨棚覆盖归纳图

棚内	16000mm	
大街	25000mm	
主巷	12000mm	
次巷	8000mm	
小巷	4000mm	

室外 　 室内

越和市场棚巷空间组合列表

广州的专业批发市场空间架构十分依赖街巷空间作为交易场所，棚巷空间在广州市花鸟鱼虫市场最有代表性的案例是广州市越和花鸟鱼虫市场。

棚巷空间具有搭配的多样性。棚巷空间的主要营造元素是街巷空间与雨棚，因此不同尺度的街巷与不同类型的雨棚搭配出来的空间都是各有不同的。雨棚的材料和搭建方式也是各种各样的，而且为棚巷空间带来的感受也不同。

巷空间案例研究

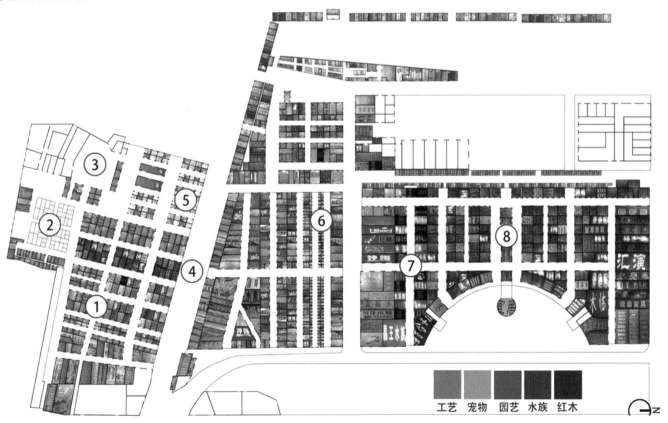

工艺　宠物　园艺　水族　红木

越和市场棚巷空间立面色彩归纳图

顶棚与巷道之间的组合可以搭配出多样的空间感受，由于棚顶与巷道立面的利用方式大都直接与商家销售的货品类型有关，每一种棚巷搭配都基本应对着相关的商品主题和活动主题。在不同销售主题的棚巷空间里，都可看到相应的棚巷空间类型。

城市尺度设计

新媒体棚巷空间的位置选择

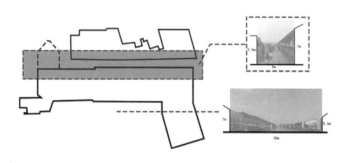

选择北部街道

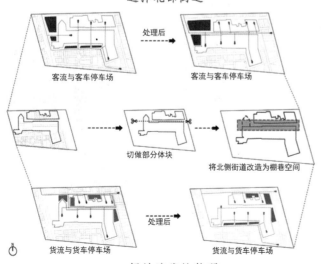

场地流线的整理

新媒体棚巷空间的覆盖形式

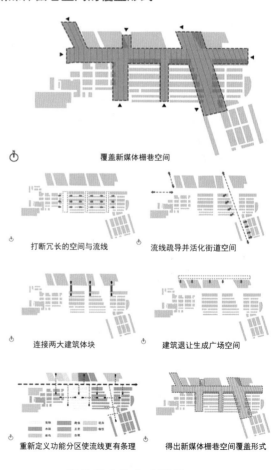

覆盖新媒体棚巷空间

打断冗长的空间与流线　　流线疏导并活化街道空间

连接两大建筑体块　　建筑退让生成广场空间

重新定义功能分区使流线更有条理　得出新媒体棚巷空间覆盖形式

覆盖形式的生成逻辑

生成逻辑

① 原建筑

② 剖切后形体

③ 顺应场地肌理

④ 控制点隆起

⑤ 顺应原屋顶形态

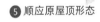

⑥ 新媒体顶棚形态

店铺尺度设计

新媒体摊档设计

新媒体店铺设计

店铺设计分为两大类型，分别是摊档型和店铺型。摊档型主要围绕新媒体顶棚的柱子作为空间定位点，通过添加新媒体显示界面来分割空间。店铺型则更强调店铺立面的新媒体商品展示。同时在店铺内置入新媒体展示技术，这使得店铺空间变得更加紧凑。同时新媒体的虚拟展品和实物展品容纳在同一个空间内，给使用者提供沉浸式体验。

室内区域
店铺区域
新媒体店铺
新媒体摊位

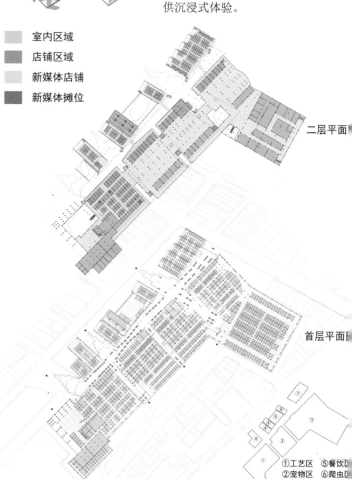

二层平面

首层平面

①工艺区　⑤餐饮区
②宠物区　⑥爬虫区
③水族区　⑦雀鸟区
④花卉区

针对花鸟鱼虫市场中不同主题的店铺，进行新媒体介入研究。在基础功能完善的条件下，置入新媒体技术，使店铺内部空间的展示效果更高。同时，为了更好地利用棚巷空间，市场内的沿街店铺将被重新组织。通过利用店铺空间对棚巷空间的突起与退让来丰富棚巷空间的效果，这不仅能充分利用棚巷空间，还能打破原有乏味的店铺秩序。

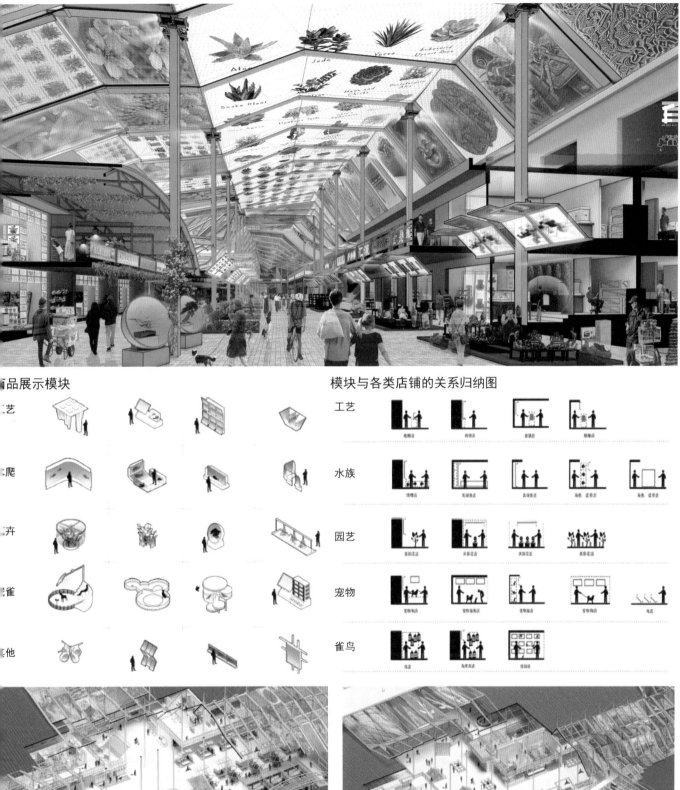

商品展示模块

工艺

攀爬

花卉

雀

其他

模块与各类店铺的关系归纳图

工艺

水族

园艺

宠物

雀鸟

导师寄语

　　该设计围绕新媒体时代下，媒体技术对传统花鸟鱼虫市场空间介入与影响的可能性，以广州百艺城花鸟鱼虫市场的空间改造为研究对象，结合对原有花鸟批发市场棚巷空间的深入分析与研究，构想出结合媒体技术的创新体验式商业街道空间。设计针对城市、街道、商铺、商品这四个不同尺度的实际空间体验，从整体的建筑形态，到每个商铺的展示设备，甚至在街道上外摆的用具，都结合媒体展示与空间各类使用者的互动，进行了具体详尽的设计。

广西艺术学院

归园·与舍——广西桂林龙胜
龙脊古壮寨民宿改造设计

指导教师：韦自力　黄　芳

小组成员：徐　胜　金　燕　李
　　　　　许亚珂　甘雪芳　陈

评委点评

　　关于新旧建筑的关系问题，在民宿设计和改造过程中需要深入思考和探讨。旧建筑改造涉及两个方面：一个是人，另一个是环境。深入到项目中时，要挖掘当地人的心理，以及非常态的一些生活方式、空间场域、场所挖掘。另外一定要对国家政策、发展战略有更深刻的理解，结合政策凸显每一个地区鲜活的个性。总体来说，从分析、主题和广度来说，做得不错。后期需要在深度和重点方面继续整理一下，比如一些技术问题，比如说防火、结构、防水这些问题，都是很好的思路，但不够完整、全面，建议点到即可。

作品展示

设计说明

　　本设计围绕着陶渊明的归园田居中"返自然"的思想，希望人们能在忙碌的生活中回归自然，感受自然所带来的惬意与舒适感。在保留建筑传统的基础上，提取当地独有的元素融入空间，如：梯田、石刻等，并将建筑周围的景色引入室内，产生空间、人与自然的互动。

文化分析

壮族享有"壮家文化百科长廊的美誉"，如壮族三月三节、花婆节、开耕节等。

当地拥有用于防火的太平清缸、各种石碑刻和体现民族融合的三鱼共首图。

地貌特征：山地、丘陵、人文景观，村落形态依山就势，并与等高线平行布局。

杉木资源丰富，是用于建筑的主要原材料。

龙胜常年高温多雨，当地属于盆地地形，水蒸气凝结成水，渗透到土壤中并形成溪流。

建筑形式分为半干栏和全干栏，有六个特点：依形就势、底层架空、下畜上人、顶层置粮、据那而作、依那而居。

　　项目地址在有着"世界梯田之冠"美誉的广西桂林龙胜龙脊古壮寨。古壮寨地处桂北越城岭山脉西南麓，位于龙胜各族自治县和平乡的东北部，由廖家寨、侯家寨、平段寨、平寨4个壮族村寨组成，有430多年的历史。村寨旁边有一条山脊像一条巨龙盘旋而下直到金江，古壮寨就坐落在这一山脊上。

噪声：木构建筑板材之间有缝隙，容易产生共振。

渗水：二楼设置了厨房和卫生间，容易产生渗水问题。

倾斜：木构建筑使用达到一定年限，常年降水量充沛，导致房屋倾斜，建筑的扩建也造成水土流失严重、泥土松动。

火灾：建筑主要材料为木头，传统的用火方式极容易引起火灾，建筑以及建筑群缺乏防火措施和救火措施。

1. 隔声

（1）沿墙体铺设隔音毡，接缝处缝处理。

（2）安装减振龙骨，尖劈600mm右，龙骨空隙内填吸音棉。

（3）减振龙骨上安装隔音板（两板材中夹隔音毡，板材与隔音毡错处理），隔音板间接缝处及隔音板与顶接缝处适用建筑密封胶密封。

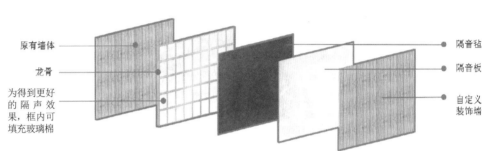

原有墙体 / 龙骨 / 为得到更好的隔声效果，框内可填充玻璃棉 — 隔音毡 / 隔音板 / 自定义装饰墙

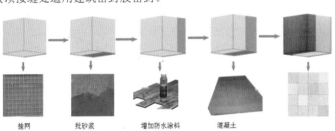

挂网　批砂浆　增加防水涂料　混凝土

2. 渗水

通过增加防水涂料、材质替换，解决室内渗水问题。

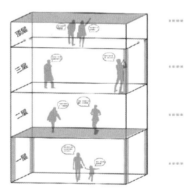

顶层 / 三层 / 二层 / 一层

3. 防火

火灾（单体）：①增加防火材料；②增加防火设备；③电线增防火阻燃管，设置空气开关；④厨房移至砖混结构的空间里面。

火灾（整体）：①增加防火隔离带，组团式布局（每组不超过户）；②设置多个消防水池。

一层墙体使用钢筋水泥混凝土外层包裹木板。

4. 倾斜

通过材料置换改良干栏式建筑营造方式。

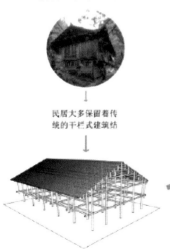 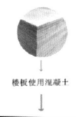  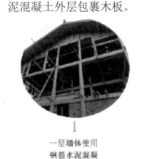 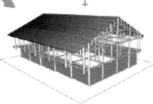  

民居大多保留着传统的干栏式建筑结

楼板使用混凝土

一层墙体使用钢筋水泥混凝

二层以上仍然保留干栏结构

优点：天然板材。

缺点：质量差，易变形，时间久会开裂。

混凝土：具有良好的耐火性、耐久性、整体性。同时具备抗震、抗爆和抗振动的性能。

钢筋水泥混凝土与干栏结构相结合，具有更好的稳定性，同时又保留了原有的传统结构和历经风貌。

设计方案

F3

三层与二层的布局大致相似，并且也保存了干栏式建筑的传统结构，在室内能清楚地看到其内部结构，保证了空间的尺度与居住的舒适度。尽可能的还原属于历史建筑的生气，在细节上保留曾经的建筑记忆，如建筑的结构、材质、空间格局等。

三层功能区

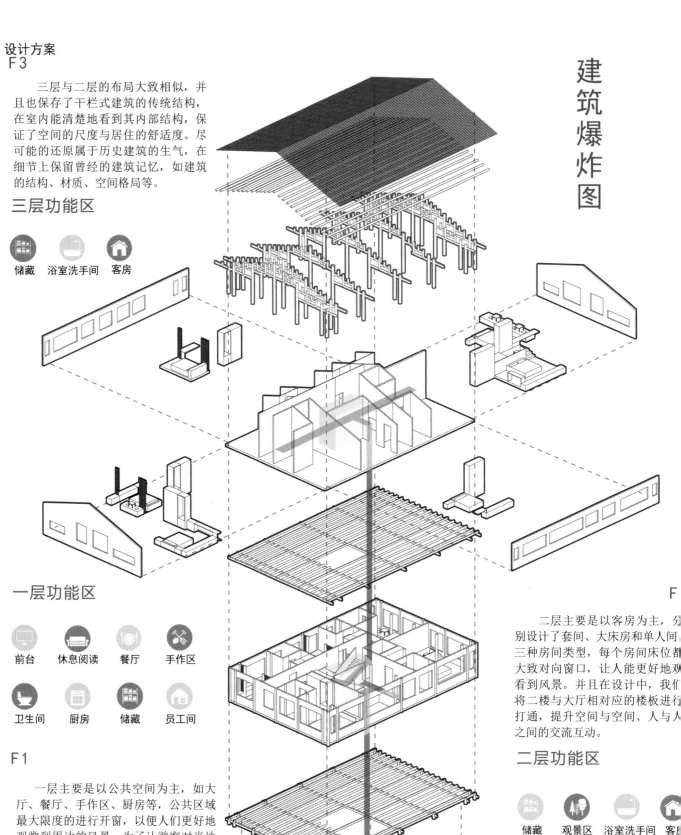

储藏　浴室洗手间　客房

一层功能区

前台　休息阅读　餐厅　手作区

卫生间　厨房　储藏　员工间

F1

一层主要是以公共空间为主，如大厅、餐厅、手作区、厨房等，公共区域最大限度的进行开窗，以便人们更好地观赏到周边的风景。为了让游客对当地文化产生更浓厚的兴趣，一层手作区即是作为互动的区域又是展示当地民族文化与纪念品的展区。并且我们对部分空间进行了抬升，提升了空间的层次感，也对不同的功能区进行了划分。

建筑爆炸图

F

二层主要是以客房为主，分别设计了套间、大床房和单人间三种房间类型，每个房间床位都大致对向窗口，让人能更好地观看到风景。并且在设计中，我们将二楼与大厅相对应的楼板进行打通，提升空间与空间、人与人之间的交流互动。

二层功能区

储藏　观景区　浴室洗手间　客房

旅游动线

交通楼梯

平面图

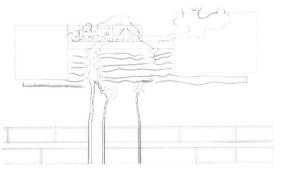

前视图

后视图

改造思路

本方案的设计把水引入建筑内部与周围环境中，以水的主题气氛营造可观、可赏、可嬉戏的环境，增加建筑环境的附加值。

自然优势

龙胜地处亚热带地区，属于亚热带季风气候，常年高温多雨，龙胜当地属于盆地地形，大量的水蒸气在抬升过程中凝结成水，渗透到土壤中并形成溪流，突显于地表之外，形成了丰富的水资源。

右视图

左视图

餐厅效果图

一层平面

效果展示

餐厅效果图

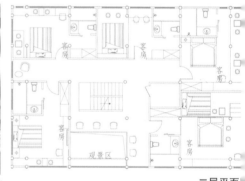

餐厅效果

元素提取

客房效果图

二层平面

餐厅效果

卫生间效果图

餐厅效果图

过道效果图

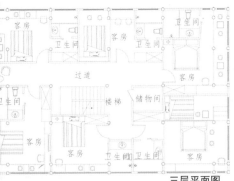
三层平面图

前台效果图

客房效果图

客房效果图

设计理念

民俗风情是古村落的"文化肌肤",民居建筑是古村落的"文化细胞",民俗文化则是古村落流动的"文化血液"。如果只注重对古村落的发展,而忽视了建筑居民以及建筑的保护,使古村落建筑只有"形",而失去了"神",古村落保护的则是一个由建筑围起来的"空壳"。我们的设计以古壮寨建筑为典型,结合当地建筑特色、生活文化,因地制宜,对其进行传承保护、创新改造,打造一个具有建筑特色、怀旧情感,能满足新时代需求的民宿空间,才能"神形兼备",古村落建筑才能让人们"记住乡愁",唤起人们对传统建筑的记忆。

本设计持着陶渊明《归园田居》中"返自然"的思想,希望人们能在忙碌的生活中回归自然,感受自然所带来的惬意与舒适。设计在保留建筑传统的基础上,提取当地独有的元素如梯田、石刻等融入空间,并将建筑周围的景色引入室内,形成空间、人与自然的互动。

导师寄语

团队在选题上主要是立足于本土文化和聚焦社会热点问题,确定以古壮寨传统民居为改造对象,结合当地自然环境和人文特点,因地制宜地进行少数民族文化的传承与创新设计。打造一个具有壮族传统文化特色与新时代需求相适应的民宿空间,在提升传统村落人居环境生活质量的同时,唤起人们对传统文化的记忆。整个毕业设计经历选题-田野调研-开题-中期汇报-终期汇报,完成了整个设计的推演过程。对于即将步入社会的同学们来说,这是非常难得的学习经历,夯实了基础,提升了创新思维,开阔了视野,懂得了协作,这对未来的工作和学习提供极大的帮助。

深圳大学

沙——援黎巴嫩国家高等音乐学院室内设计

指导教师：李逸斐　李　阳
小组成员：李展鹏　吴嘉鹏　李施

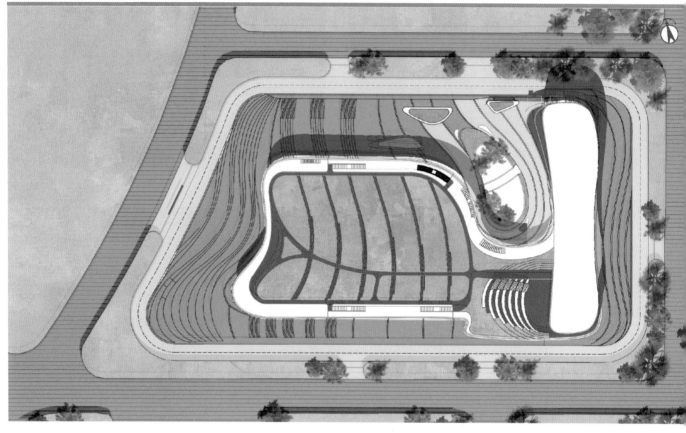

评委点评

设计方案总体上非常不错，视角多元，优点在于：一是基于地域文化提取设计元素；二是对建筑与周围环境关系的考虑结合了当地的文化、建筑，再着重体现室内设计的功能、呈现效果等。也有一些问题，比如设计定位、空间形态、建筑美感、功能布局、设计语言等方面，希望能做进一步的完善。教育空间应该呈现出建筑空间的美感，之后再强化它的功能，融入周边的自然环境。给学生提供一个美的空间，这才是我们改造的核心。

作品展示

设计说明

设计提出"沙"的概念。在《沙与沫》中，黎巴嫩诗人纪伯伦以"沙"和"泡沫"为比喻，寓意着人在社会之中如同沙之微小，事物如同泡沫一般的虚幻。在诗人的眼里，沙是一个极富"想象"的世界，同时，"沙"也代表了沙滩，寓意着自由、阳光与温暖，海将"建筑"冲上沙滩，"沙"也成了建筑的实体。室外的"海"与室内的"沙"相拥，"灵感"与"实体"碰撞，创造了完整的乐章，随着海风与沙声，此刻便是永恒。

本项目是在"一带一路"倡议背景下建设的文教建筑，设计中运用"沙"作为主概念和设计元素，并针对于建筑不同的空间等级和功能区域的划分，引申出"沙之洲""沙之憩""沙之乐""沙之光"的子概念，从而系统地表达这栋建筑蕴含的中国与黎巴嫩两国间的友好关系以及人类对于未来的美好愿景。

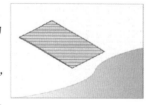
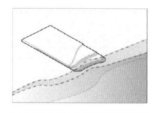

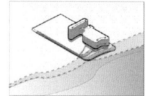

建筑原生概念

项目濒临地中海。黎巴嫩当地文化较为开放，海洋的存在让这个国家处处充满着烂漫气息。建筑设计灵感来源于黎巴嫩诗人纪伯伦的《沙与沫》。海浪冲刷沙滩留下了痕迹，建筑形体也由此而来，谱写着音乐与海的乐章，强调与海对话、与城市对话、与音乐对话。

元素提取

沙：人就像沙子般渺小，但渺小的"沙"可以汇聚成沙滩、陆地，世界文化交流的狂潮将我们汇聚到了一起，创造了完整的乐章，随着海风的吹拂，我们在此起舞，此刻便是永恒。

空间意向

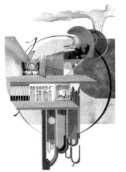 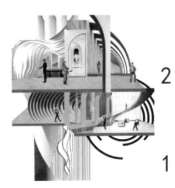

概念延伸

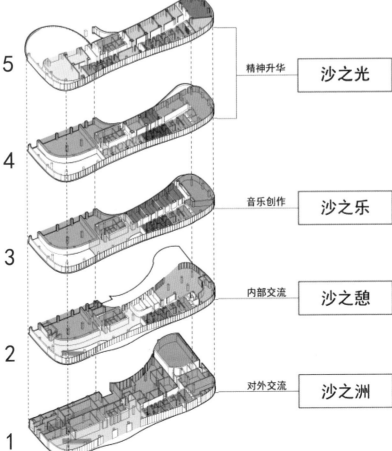

楼层	功能	名称
5	精神升华	沙之光
4		
3	音乐创作	沙之乐
2	内部交流	沙之憩
1	对外交流	沙之洲

一层——沙之洲

一层主要功能空间为前厅、电梯厅、管弦乐室以及配套的辅助空间和控制台，承担着对外开放和交流的作用。在此，我们以"沙之洲"作为概念进行设计，将每一粒沙都比作是人，海浪（"一带一路"与世界文化交流的洪流）将我们推上了这片土地，我们相聚在一起，我们的友谊从此开始，我们的文化从此交流，这是两国人民友谊的象征，也是建筑与城市间、文化与文化间的交融。

一层的前厅拥有四层通高空间，高低错落，生动有趣，为学生们提供不同的学习氛围，让学生们在流动有趣的空间内学习交流，激发他们的想象力。设计运用了当地传统的拱券结构以及从沙中提取的设计元素，增加了空间的地域性和归属感。

一层独立的楼梯可以直接通往二层，而一层主要的交流空间便集中在活动厅。此处的活动厅作为内外交流的场所空间，相对较为自由与开放。而旁边也有为内部学生提供相对私密空间的活动室。

前厅的通高空间带来了空间的趣味性，但狭长的空间也导致人的视域的狭窄。因此将原家具存放区开放，作为学生阅览室和活动室，使前厅空间更为通透与开放，成为相对独立的交流空间。

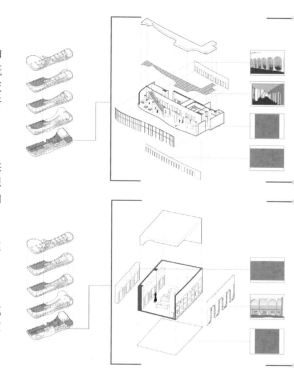

二层——沙之憩

　　二层主要设学生活动大厅、连接二层平台的自助餐厅。二层的活动交流空间比一层多，且多为内部交流空间。在此，我们使用了"沙之憩"的概念，在这里创造出供人们休憩交流区域。

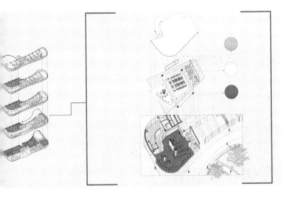

三层——沙之乐

　　三层主要设教师个人工作室、青年管弦乐室与教师活动大厅。我们在设计中使用了"沙之乐"的概念，隐喻黎巴嫩人民处在一个多元的环境（文化交流趋势／洪流）中，仍保有音乐创作热情，音乐在海的见证下诞生。

  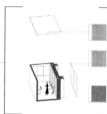

四层——沙之光

　　四层空间设乐谱存放区（图书馆），也有少量的个人工作室空间。图书馆是知识的承载区域，也是人们获得精神食粮的空间，我们在设计中运用了"沙之光"的概念，寓意着黎巴嫩人民在此可获得精神上的升华。

   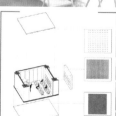

层——沙之光

　　五层是音乐学院的主要教学空间，以音乐培训室、舞蹈教室、阶梯多媒体教室为主。从南面可以走出音乐厅的顶层花园，这里形成了整个建筑风景最好的观海平台。

　　我们继续沿用了四层"沙之光"的概念，寓意着不管经历过多少苦难，黎巴嫩人民依旧如同他们的"国树"般坚忍不拔，以开朗、开放的心态积极面对生活。而眼前一望无际的大海则是人类对于未来的无限美好愿景，是黎巴嫩人民对于生活的美好期待，也寓意着"一带一路"倡议将进一步加深中国与黎巴嫩的深厚友谊。

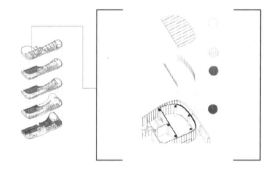

导师寄语

　　该小组针对黎巴嫩文化特点、人文环境和历史背景，结合建筑结构特点引出设计的灵感来源和概念，吸收民族文化的多元性和包容性，尝试建立一个开放共享的学习生活环境。融合当地特色的地域文化而设计的开放包容的室内空间，展现一种音乐和艺术与历史的"对话"。

　　希望同学们通过本设计以及今后的进一步的研究，为中黎两国搭建更多互相交流沟通的桥梁，促进文化交流，为"一带一路"的未来添砖加瓦。

深圳大学

光的合奏——援黎巴嫩国家高等音乐学院室内设计

指导教师：李逸斐　李　阳
小组成员：何栋城　姜姗珊

评委点评

设计整体有逻辑性，尤其是对当地文化的挖掘、对地域文化以及学校整个功能的思考，整体非常不错。在设计中把造型与灯光结合起来也非常值得肯定。对灯光的研究，未来应该作为更加重要的环节。但也存在一些问题，主要是功能定位、空间顺序，还有一些消防问题、无障碍设计，比如说残疾人的洗手间，门应该是往外开，而不是往里。在语言表达方面缺少激情，在现实的工作经验当中，好的表达非常重要。一个设计要全面，包括它的建筑理念、功能、造价、需求、技术问题都考虑到，才能对一个项目真正有帮助。

作品展示

设计概念——光的合奏

 用乐章描绘光线　用光线转译乐章

	乐章		光	
开始	00:00—01:12	神秘之光	大厅 & 管弦乐室	
高潮	01:13—02:24	跳跃之光	学生休息区 & 自助餐厅	
过渡	02:25—03:59	静谧之光	阅览空间 & 走廊	
尾声	04:00—05:03	神秘之光	个人工作室 & 舞蹈教室	

拱券结构　　通透开敞　　共享空间　　仪式感

建筑结构形态特点

拱券结构遗址　　清水混凝　　基督教堂　　阳台　　大理石　　花岗岩　　清真寺

神秘之光——管弦乐室

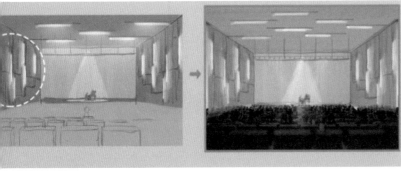

跃之光——学生休息区

学生休息区的空间属性为公共空间，学生可在此休息娱乐。纱帘的使用让空间在私密、半私密和开放三种形式中按空间需求随意切换。

空间内采用吊顶上灯管的直接照明和隐藏在纱帘中的间接照明，充当装饰和辅助照明的功能。在材质的选择上，地面选用贴近自然、有肌理感的水泥自流平，帘子选用半透明的纱布。

跃之光——自助餐厅

自助餐厅的整体天花结构继续沿用拱券结构，从最原始的筒形结构衍生而来。空间照明源于天花板之上的灯箱照明，吊顶拱选用的是可透光的材质。

谧之光——走廊阅览空间

神秘之光——舞蹈教室

福州大学

付汐深蓝梦——可移动式海军舰艇生活展览馆空间设计

指导教师：梁 青 叶 昱
小组成员：丁梓健 蔡鸿林 文

评委点评

　　整体设计的构思和表现很丰富，但有几点要继续加强：首先，在整个的展示逻辑中，最关键的是展示流线，设计中关于展厅的安排逻辑、展厅间的过渡等，表达得不清楚；其次，空间的形式感相当丰富，但也要从观众角度出发认真思考展厅的主角是什么；最后，要注意展厅的展示层次、使用功能和服务对象。

　　学生在设计思考和方案思路上，还要继续努力。展览中要有序曲、中期、高潮和结束，节奏中一定要有重点。另外，必须对题目进行深层次的挖掘，才能打动观众。

作品展示

设计说明

　　本方案以"付汐深蓝梦"为概念名，表达了海军官兵走向海洋逐梦远航付出青春年华，历经沧桑，铸起永垂不朽的海军精神这一主题。从海军官兵远洋巡航的过程中提炼了一些经历，将这些经历分为 11 个展厅。一层空间有 6 个展厅，二层空间有 3 个展厅，三层空间有 2 个展厅。将每个空间功能情感化，设定了关键词，以第一次远洋巡航的经历为主线，串联起官兵们由新兵逐渐成长为优秀的海军战士的情景设置。

结构分析图

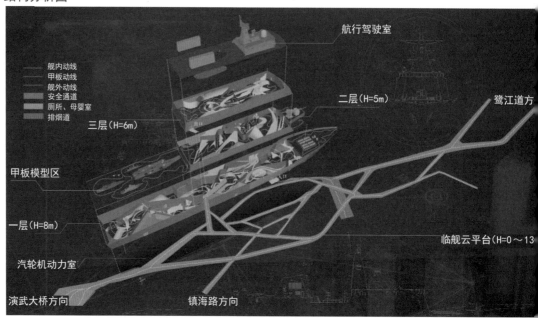

航行驾驶室

舰内动线
甲板动线
舰外动线
安全通道
厕所、母婴室
排烟道

二层(H=5m)
三层(H=6m)

鹭江道方

甲板模型区

一层(H=8m)

临舰云平台(H=0～13

汽轮机动力室

演武大桥方向　　　　镇海路方向

效果展示

剖面图   立面图

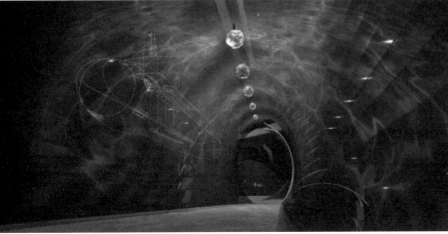

福州大学

浅层呼吸下的空间诗学
——瓦当陈列展示馆空间设计

指导教师：梁 青 叶 昱
小组成员：胡 柯 袁浩浩 李

评委点评

展览馆主要的职能不是使用，而是传递信息，方案中关于瓦当的美学价值的信息传递意图不够明显。展览馆的配套设施，比如馆前接待、咨询问询、商业配套、办公馆藏等，目前考虑不是很周到。卫生间的使用以及办公室的面积设计等还存在问题。

另外，序厅的设计很重要。参观者一进入展馆，需要一个过渡空间，包含服务、前台、介绍、游客组织等。序厅中应该有休息空间、瓦当文化书籍和相关文创衍生品展示区等，这些基础功能必须统一考虑，目前设计中缺少这方面的思考。

作品展示

设计说明

本设计以瓦当为对象，选择瓦当发展的鼎盛时期——汉代为时间载体，陕西为项目所在地。我国历年出土的瓦当中，以陕西瓦当数量最多，具有中国传统文化内涵和审美特征，是中国瓦当艺术的突出代表。瓦当陈列展示空间设计以汉代瓦当为缘起，思考了空间与时间的关联与秩序。非连续时间在连续空间体验之中被连接。城市文脉的延续是地域性历经时间的再表达，也是时间在场所之中的再诠释。

本设计以一种当代的方式来弘扬中国传统文化，在历史和现代之间提出一个新的视角，并很好地融入到城市的复杂叙事之中。

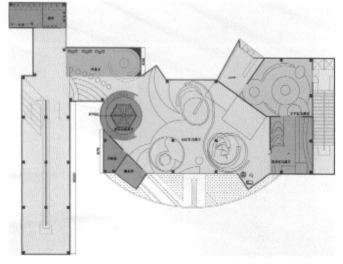

公共通道
入口接待区
文字瓦当展厅
四神瓦当展区
使用功能展区
云纹瓦当展厅
休息区
藏品库
卫生间
后勤部

功能分区图

浅层呼吸下的空间诗学

浅层：瓦当出土于地表以下。

呼吸：瓦当在陶窑中的烧制过程就是一个呼吸的过程，瓦当的传承是一种"生"的状态，并且不会消亡。

空间诗学：空间并非填充物体的容器，而是人类意识的居所。

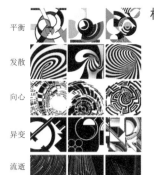

粗朴
空灵
缭绕
奇幻
盘曲

平衡
发散
向心
异变
流逝

材质分析

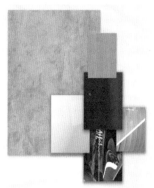

混凝土
白色哑光陶瓷
黑色哑光陶瓷
亮面不锈钢
木饰面板
半透明亚克力

效果展示

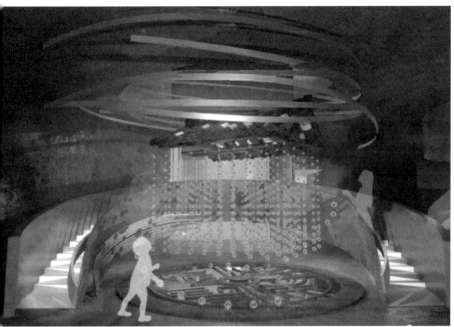

瓦当的使用功能展厅

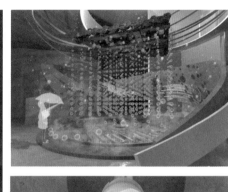

文字瓦当展厅

图像瓦当展厅

图案瓦当展厅

辐射旋转结构瓦当展厅

休息区

本书赠送

"室内设计 6+" 2020 联合毕业设计 （视频课）

可观摩 全国 41 所高校近百个优秀毕业设计方案

可聆听 国内知名学者、知名设计师的精辟见解

可学习 设计思维、方案表现、答辩技巧

⊘博采众家　⊘学长避短　⊘提升设计能力

视频课学习途径和方法

行水云课

1. 微信关注"行水云课"公众号；
2. 点选"精品课程"，选择"行水讲堂"，在菜单中选取"'室内设计6+'联合毕业设计答辩"；
3. 任选课程，点选"播放"；
4. 账号登录（或注册登录），输入右侧激活码，立即观看学习。

刮开图层获取激活码